U0320885

草业科学精品文库

高凯 徐智明 李争艳 等 著

沙地紫花苜蓿水肥管理技术研究

中国农业科学技术出版社

图书在版编目(CIP)数据

沙地紫花苜蓿水肥管理技术研究／高凯等著. --北京：中国农业科学技术出版社，2022.10

ISBN 978-7-5116-5781-7

Ⅰ.①沙… Ⅱ.①高… Ⅲ.①紫花苜蓿-肥水管理-研究 Ⅳ.①S551

中国版本图书馆 CIP 数据核字(2022)第 096624 号

责任编辑	陶　莲
责任校对	王　彦
责任印制	姜义伟　王思文

出 版 者　中国农业科学技术出版社
　　　　　北京市中关村南大街 12 号　　邮编：100081
电　　话　(010) 82109705 (编辑室)　　(010) 82109702 (发行部)
　　　　　(010) 82109709 (读者服务部)
网　　址　https://castp.caas.cn
经 销 者　各地新华书店
印 刷 者　北京建宏印刷有限公司
开　　本　185 mm×260 mm　1/16
印　　张　7
字　　数　170 千字
版　　次　2022 年 10 月第 1 版　2022 年 10 月第 1 次印刷
定　　价　80.00 元

《沙地紫花苜蓿水肥管理技术研究》
著者名单

主　著：

　　高　凯（内蒙古民族大学）

　　徐智明（安徽省农业科学院畜牧兽医研究所）

　　李争艳（安徽省农业科学院畜牧兽医研究所）

副主著：

　　闫秋洁（绵阳师范学院）

　　朱铁霞（内蒙古民族大学）

　　周玉雷（赤峰学院）

参著人员：

　　何如帜（甘肃普瑞拓生态农业科技有限公司）

　　丛龙丽　赵力兴　李天琦　卢　轩（内蒙古民族大学）

　　田福平（中国农业科学院兰州畜牧与兽医研究所）

　　李　岩　王霞霞　李　杨　尚　靖（安徽省农业科学院畜牧兽医研究所）

　　徐　磊（安徽省农业科学院科研处）

　　陈子萱（甘肃省农业科学院生物技术研究所）

　　张宇龙（秋实草业有限公司）

目　　录

1 紫花苜蓿概述

紫花苜蓿（*Medicago sativa* L.）为豆科、苜蓿属多年生草本植物，根粗壮，深入土层，根颈发达。茎直立、丛生以至平卧，四棱形，无毛或微被柔毛，枝叶茂盛。种子卵形，长 1~2.5mm，平滑，黄色或棕色。花期 5—7 月，果期 6—8 月。

1.1 紫花苜蓿产业现状

紫花苜蓿号称"牧草之王"，是世界上种植面积最大的多年生优质豆科牧草。随着我国经济社会不断发展和居民饮食结构不断改善，人们对肉蛋奶的需求量不断增加。伴随"加快发展草牧业""振兴奶业""粮改饲"等一系列政策的推行，紫花苜蓿作为"牧草之王"，已经成为我国栽培面积最大的一种牧草。截至 2015 年末，我国紫花苜蓿种植面积 7 067 万亩①；2020 年，我国新增优质紫花苜蓿种植面积 300 万亩。虽然我国紫花苜蓿种植面积不断扩大，但目前紫花苜蓿产量供应仍无法满足国内需求。目前紫花苜蓿种植产业面临的主要问题是单位面积产量低、干草品质差、总供应量不足。我国超过 75% 的商品紫花苜蓿产自甘肃、内蒙古和宁夏等干旱或半干旱地区，水分是这些紫花苜蓿主产区最主要的限制因素。

水资源是人类社会发展中的重要自然资源，是制约经济社会可持续发展的重要因素，如何高效、合理、可持续地利用水资源是全世界人民面临的共同难题。我国作为农业大国，农业生产用水一直是我国的用水大户，2018 年我国总用水量约 6 015.5 亿 m^3，其中农业用水 3 693.1 亿 m^3，占总用水量的 61.4%。2018 年内蒙古总用水量约为 192.1 亿 m^3，其中农业用水 140.3 亿 m^3，占总用水量的 73.0%，而 2018 年内蒙古水资源总量约为 461.5 亿 m^3，仅占全国水资源总量的 1.68%。如何有效解决水资源供需矛盾，提高本地区水资源利用效率，特别是农业用水的利用效率，从而实现内蒙古地区乃至全国的社会经济、生态环境与水资源高效、协调可持续发展是水资源安全战略研究的关键问题之一。

科尔沁沙地位于内蒙古东部，地处农牧交错带，东接东北平原，西临内蒙古高原，是我国北方重要的农牧业生产基地。多年来过度农业生产导致耕地资源严重退化，合理开发宜农非耕地资源，是解决耕地资源短缺的有效措施和途径。阿鲁科尔沁旗地处科尔沁沙地腹地，依托当地自然条件、政策及区位优势，大力发展草产业，提出"立草为业"战略和建设"中国草都"的目标。近年来，科尔沁沙地的紫花苜蓿种植、加工业取得了快速发展，现已成为我国机械化程度最高、种植面积增长最快、投资力度最大、

---

① 1 亩 ≈ 667m^2。全书同。

产业化水平较高的新兴苜蓿优势产区。截至 2017 年，已建成集中连片紫花苜蓿种植基地 107 万亩。但在实际生产中紫花苜蓿灌溉管理仍基于地面灌溉的经验而确定，同时对紫花苜蓿灌溉量的研究尚不完善，针对圆形喷灌机下进行的大田灌溉试验更是空白。因此本研究以圆形喷灌机下建植两年的紫花苜蓿为试验材料，根据联合国粮食及农业组织（FAO）推荐的 Penman-Monteith 方法计算紫花苜蓿实际需水量，研究不同灌溉量对科尔沁沙地紫花苜蓿产量、品质和土壤速效养分运移的影响，探讨科尔沁沙地圆形喷灌机下人工种植紫花苜蓿草地适宜灌溉量，为本地区建立高效节水的紫花苜蓿栽培技术提供依据。

1.2　耗水量研究方法

耗水规律是作物合理灌溉、产量预测和灌溉工程设计的基础，也是水资源不足条件下对种植业与其他产业之间及种植业内部各种作物之间进行合理配置的前提。需水量、耗水量、水分利用效率等指标是耗水规律的重要组成部分。植物生长过程中植物蒸腾、土壤蒸发、植物表面蒸发及构建植物体消耗的水分数量之和构成耗水量，也称为蒸腾蒸发量、蒸发量、蒸散量。目前关于耗水量的研究方法主要包括以下 5 种。①田间测定法。通过田间测定法进行耗水规律的研究较为常见，与其他方法相比，田间测定法成本低，但存在精度不高的问题。②称重式蒸渗仪法。称重式蒸渗仪法分为小型称重式蒸渗仪法和大型称重式蒸渗仪法。小型称重式蒸渗仪法设备简单、成本低、便于实施，但存在桶内水分热量调节难、植株代表性不高的问题，使得测定结果的准确性存在争议；大型称重式蒸渗仪法数据准确、精度高，但仪器设备复杂、建造成本高、难度大。③非称重式蒸渗仪法。非称重式蒸渗仪法又称坑测法，该法测定结果较为准确，建造成本适中，在研究耗水规律中较为常见。④波文比-能量平衡法。波文比-能量平衡法由 Bowen 于 1926 年根据表面能量平衡方程提出，该方法计算方法简单，仅需测定温度梯度、湿度梯度两个参数即可，但对试验环境要求苛刻。⑤Penman-Monteith 公式法。该方法被联合国粮食及农业组织推荐为计算作物蒸腾蒸发量的首选方法，并于 1992 年确定为国际标准方法。这一方法以能量平衡和水汽扩散理论为基础，同时考虑作物生长情况和空气动力学参数的变化，有着较强的理论依据和计算精准度，该方法使用气象资料便可计算参照作物蒸腾蒸发量，实际应用价值较高，但存在公式较为复杂，需要一定理论基础的问题。

1.2.1　灌溉量对紫花苜蓿耗水量及水分利用效率的影响

国外紫花苜蓿的耗水研究开始较早，20 世纪以来，随着社会生产力的发展和科学技术的创新，欧美一些国家和地区开始重视草业的发展，将其看作"绿色黄金""立国之本"。Sammis（1981）在美国新墨西哥州采用喷灌系统的研究表明，紫花苜蓿的耗水量随着灌溉量的提高而增加，变化范围为 547~1 457mm。Hanson 等（2007）在美国加利福尼亚州采用地面灌研究了紫花苜蓿的 7 月、8 月、9 月亏缺灌溉对紫花苜蓿产量的影响，结果表明，充分灌溉和亏缺灌溉的灌水量差距达到了 230mm。Krogman 和 Hobbs

（1965）在加拿大的研究表明，紫花苜蓿第一茬到第三茬的耗水强度分别为 4.6mm/d、5.6mm/d 和 4.8mm/d。Bauder 等（1978）的研究结果表明："旱地""亏缺""适宜""过量"4 种灌溉处理下，生长季降水量较少的年份紫花苜蓿的水分利用效率分别为：13.3kg/（mm·hm²）、14.4kg/（mm·hm²）、14.6kg/（mm·hm²）、14.9kg/（mm·hm²）。在生长季降水量充足的年份，紫花苜蓿的水分利用效率分别为：25.0kg/（mm·hm²）、21.4kg/（mm·hm²）、20.9kg/（mm·hm²）、18.2kg/（mm·hm²），4 年的平均耗水量分别为 339mm、602mm、645mm、686mm。Krogman 和 Lutwick（1961）在加拿大的试验表明：在蒸发量的 42%、70%、83%、100% 4 种灌溉模式下，紫花苜蓿两年平均耗水量分别为 290mm、431mm、573mm、616mm。还有学者研究发现，紫花苜蓿最大耗水量和最低水分利用效率一般出现在 6 月。总结国外的研究发现，紫花苜蓿耗水规律的研究主要集中在北美地区，分析结果发现，地区差异、年份差异、刈割次数、灌溉方式等均会造成结果不同。相比之下，国内对紫花苜蓿的耗水研究起步较晚，尤其是相对于其他农作物如小麦、玉米的研究，但其发展较快。李新乐等（2013）的研究表明，在京南地区采用地面灌溉条件下，紫花苜蓿达到高产的最佳需水量为 750~800mm；枯水年里，紫花苜蓿的返青期内和第一茬、第二茬刈割后的首次灌溉，75mm 的灌水量利于紫花苜蓿高产。吴兴荣等（2012）在新疆北部通过对紫花苜蓿的需水量、需水时间、灌溉次数等方面进行试验对比，总结出苜蓿的耗水规律，初步确定了当地种植紫花苜蓿的灌溉制度，紫花苜蓿收获三茬总灌水量为 804.0mm，全生育期灌水 15 次。丁宁等（2011）在河北坝上的研究结果表明，紫花苜蓿第一茬、第二茬、第三茬和生长季内需水量分别是 243.4mm、132.3mm、184.0mm 和 561.6mm，需水强度达到 3.9mm/d、4.5mm/d、3.5mm/d 和 3.8mm/d。总结国内外试验结果得出紫花苜蓿全生长季需水量范围为 400~2 250mm；需水强度范围为 3~7mm/d。不同灌溉量对紫花苜蓿水分利用效率也有影响，而不同气候区域研究灌溉量对水分利用效率的影响结果存在差异，Krogman 和 Lutwick（1961）、Snaydon（1972）等研究得出，随着灌溉量的增加，水分利用效率呈现先升高后降低的趋势，Bauder 等（1978）的研究结果得出，不同灌溉量之间水分利用效率差异不显著。根据国外研究结果，紫花苜蓿水分利用效率范围为 14~29kg/（mm·hm²）。

1.2.2 灌溉量对紫花苜蓿生产特性的影响

水分是影响紫花苜蓿生长发育、干草产量的重要因素。衡量紫花苜蓿生长发育的指标包括株高、茎秆直径、分枝数等，水分通过影响以上生长指标，最终影响产量。分枝数是影响紫花苜蓿产量的重要指标。研究表明，紫花苜蓿产量与分枝数之间呈正相关关系，而随着灌溉量的增加，紫花苜蓿分枝数显著增加；而株高作为影响紫花苜蓿产量的另一个重要指标同样受到灌溉量的影响。白文明（2002）研究显示，随着灌溉量的减少，紫花苜蓿株高显著降低。张延林等（2017）在甘肃研究了不同灌溉量对紫花苜蓿生长的影响，结果表明紫花苜蓿的株高随着喷灌灌溉量的增加而增加，当年灌溉量为 5 925m³/hm² 时，叶片含量和产量最高。紫花苜蓿产量受灌溉量的影响很大，相关研究表明，在一定范围内，紫花苜蓿产量随灌溉量的增加线性增加，当灌溉量达到一定量时，产量增幅减小，之后随着灌溉量的进一步增加，产量不增反降，因此得出紫花苜蓿产量与灌溉量的关系呈曲线形。还有学者认为当灌溉量达到一定值后，紫花苜蓿的产量趋于稳定，不再随灌溉量的增加而增加。关于紫花苜蓿产量与灌溉量之间的研究相对较多，但得出的结论存在一定差异。Ismail 和 Almarshadi（2013）的研究得出，灌水量的减少降低了苜蓿鲜干草产量，与 100% 田间持水量（FC）相比，85%FC 和 70%FC 水分胁迫导致紫花苜蓿分别减产 12.0% 和 21.7%。王云玲等（2016）在河北的研究得出，第二茬、第三茬紫花苜蓿产量随灌水量的增加而增加，251mm 为当地紫花苜蓿生产种植的最佳灌水量。董国锋等（2006）在甘肃的研究结果表明，轻度水分亏缺（土壤含水量为 60%~65% FC）与较充分灌溉（土壤含水量为 65%~70% 的田间持水量）相比对紫花苜蓿产量没有显著影响。尹辉（2012）在甘肃的研究发现，灌溉量为 264mm 时，能获得较高的干草产量，以及较高的紫花苜蓿水分利用效率。孙洪仁等（2008）在河北的研究结果表明，灌溉量由 0mm 增至 400mm，干物质产量由 3 304.7kg/hm² 增至 7 423.3kg/hm²，二者差异显著。在吉林中部地区，灌水对当年播种的紫花苜蓿产量有显著影响，灌水量为 20~60mm/hm² 范围内产草量随灌水量增加而提高，超过 60mm/hm² 时随灌水量增加呈递减趋势。综合以上研究，紫花苜蓿产量与灌溉量之间存在明显的线性关系，但在不同地区、不同气候条件、不同土壤条件等因素影响下获得最高产量的灌溉量有所差异。

1.2.3　灌溉量对紫花苜蓿氮化学计量特征的影响

氮和磷是紫花苜蓿最基本的营养元素，参与生长过程中的各种生理代谢活动，对紫花苜蓿健康生长起到十分重要的作用，氮和磷既相互独立又相互影响。水分是植物体组成的主要部分，同时也是植物体内一系列理化反应的基础，植物水分主要来自土壤，因此，水分供应对植物的影响也会导致植物氮和磷含量及其计量比的差异。目前针对水分处理对紫花苜蓿氮化学计量特征影响的研究尚不多见，水分对紫花苜蓿体内氮化学计量特征的研究存在多种观点。灌溉处理通过控制土壤水分含量、土壤养分含量及形式影响植物对水分、养分的吸收和转移，同时影响植物生理生化反应，最终影响植物氮含量及其计量比。有研究显示，随着降水量或人工灌溉量的增加，植物氮含量减少；也有学者认为随着降水量或人工灌溉量的增加，氮含量增加或变化不明显，因此植物氮含量对水分供应的响应不一致使其化学计量比也呈现不同的变化，即随着降水量或人工灌溉量的增加，植物氮化学计量比增加、降低或变化不明显。

1.2.4　灌溉量对紫花苜蓿品质的影响

牧草品质是一个综合性状，主要表现在营养成分、适口性、消化率、能量值等方面，紫花苜蓿作为传统的优质牧草，针对其品质指标的评价发展较为完善。目前品质评价指标主要以营养指标为主，包括粗蛋白质含量、中性洗涤纤维含量、酸性洗涤纤维含量、相对饲喂价值等。现有研究关于灌溉量对紫花苜蓿品质的影响存在一定分歧。有学者研究认为，灌溉量对紫花苜蓿品质指标无显著影响；还有学者认为随着灌溉量的增加，粗蛋白质含量降低、中性洗涤纤维含量增加；或随灌溉量的增加粗蛋白质含量、纤维含量均有增加的趋势。Brown 等（1983）研究表明适度水分胁迫可提高紫花苜蓿品质。陈萍等（2012）研究表明，酸性洗涤纤维含量、中性洗涤纤维含量与灌溉量之间负相关，而粗蛋白质含量与灌溉量正相关，在现蕾期紫花苜蓿水分含量为 60%～65%时刈割，可以获得最优紫花苜蓿品质。霍海丽等（2014）等的研究表明，粗蛋白质、粗脂肪、粗灰分含量随灌溉量的增加而增加，粗纤维含量随灌溉量的增加而降低。韩德梁等（2008）的研究得出，粗蛋白质、粗脂肪含量随灌溉量的增加而增加，粗纤维含量随灌溉量的增加而减少，灌溉量对粗灰分含量无显著影响。汪精海等（2017）在干旱半干旱地区研究表明，灌溉量 3 360m³/hm² 与充分灌溉量 4 200m³/hm² 处理相比粗蛋白质、粗脂肪和粗灰分含量分别平均增加了 5.1%、3.3% 和 3.2%，酸性洗涤纤维和中性洗涤纤维含量分别降低了 8.57% 和 6.51%。张前兵等（2016）在新疆的研究得出，适宜的灌水定额（4 500m³/hm²）有利于紫花苜蓿种植当年干草产量的提高，并保持较高的粗蛋白质含量和相对较低的纤维含量。除灌溉量外，紫花苜蓿营养品质还受到茬次、刈割时期的影响。张晓娜等（2016）研究表明，植物生物量的形成和营养物质的积累与其生长发育有密切关系，同一水分处理下，随生育时期的推后，粗蛋白质、粗脂肪含量和相对饲喂价值逐渐降低，粗纤维、酸性洗涤纤维和中性洗涤纤维含量逐渐增加。

1.2.5 灌溉量对土壤养分运移的影响

灌溉量不仅改变了土壤水分状况，同时也改变了养分状况。水分是土壤养分溶解和迁移的介质，养分只有溶解在水中才能在土壤中迁移、运转，进而被根系吸收。而养分随水分在土壤中迁移的过程会改变养分在土壤中的空间分布，通过影响作物对土壤养分的吸收来影响土壤中有效养分的含量。因此在生产中为提高作物对养分的利用效率，必须考虑灌溉对养分运移与分布的影响。当前，农业管理措施的目标不仅着眼于获得较高的产量，也延伸至改善土壤的质量、保护水土以及生态环境的可持续发展。而土壤养分累积和淋失是生产中不得不面对的问题。灌溉和降水是影响氮素淋失的主要因素之一，特别在砂质土体上灌溉和降水量越大，氮素随水分向下淋溶量越大。已有研究表明，在干旱地区的土壤氮素淋溶与降水和灌溉正相关，当降水不足、蒸发量大于降水量时，土壤中氮素随着土壤中上升的水分向上运动。当降水足够或灌溉时，大量的水分下渗使土壤中的氮也会随之下渗从而造成淋失。张亚丽等（2004）的研究表明，土壤硝态氮淋溶与水分入渗虽不完全同步，但随着降水量增大硝态氮含量峰值位置降低，同时下层土壤中硝态氮的含量也随之增加。就灌溉方式而言，大量少次灌溉与少量多次灌溉相比增加了硝态氮向土体深层的淋溶量。一般情况下，每 2～3mm 的降水量可使土壤中的氮下移 1cm。目前关于氮淋失的研究较多，相比之下有关磷、钾淋失的研究偏少。现有研究表明土壤磷素淋溶存在临界值。Fleming 和 Cox（2001）、Heckrath 等（1995）的研究表明，土壤磷素淋失与当地的降水量显著相关。项大力（2009）利用渗漏池研究梯度灌溉量下土壤磷素的淋失变化，结果表明，磷素淋失量随着灌溉量的增加而明显升高，但是高灌溉量处理稀释了淋溶液中磷素的含量。杨学云等（2004）的长期定位试验表明，灌溉处理下土壤的磷素淋失量高于对照处理磷素淋失量。张英鹏等（2009）的研究表明，山东地区的 3 种主要土壤类型土壤中，在降水量和灌溉量相同的条件下随着施磷量的增加，土壤中磷含量增加的同时土壤磷淋失量也显著增加。钾元素作为植物生长必需的大量元素对作物优质高产有着重要作用，而土壤中的钾元素以离子形态对作物提供营养，其较强的移动性决定了钾素的淋溶损失是农田土壤钾素损失的重要部分。虽然钾素的淋失对环境的负面影响不如氮、磷那么大，但大量的钾素损失可影响作物生长和品质，降低肥料效益。霍娜（2015）认为土壤水分含量与土壤中速效钾含量存在线性关系，速效钾含量会随土壤水分含量的增加上升。葛新伟等（2017）的研究表明，土壤中速效钾有随水向下迁移的趋势，灌水量越大，速效钾的淋失量越大，钾素的利用率越低，在灌水量为 $2.85 \times 10^3 m^3/hm^2$ 时，酿酒葡萄的产量最高，土壤养分向下迁移的量较少。

1.3　沙地紫花苜蓿施肥研究

　　随着我国不断推进农业供给侧结构性改革，紫花苜蓿的种植面积逐年扩大。科尔沁沙地作为内蒙古的主要畜牧业生产基地，紫花苜蓿的栽培技术，尤其是科学施肥的研究越来越受到重视。李积智等（2008）在对青海循化县紫花苜蓿施肥的研究结果表明，施磷肥对紫花苜蓿产量的影响要大于氮肥和钾肥。汪诗平和陈默君（1992）研究认为，在低磷地区磷肥不仅能提高紫花苜蓿产量而且能改善其品质，但在高磷地区效果不明显。科尔沁沙地地处北方农牧交错带，土壤有效磷含量普遍在 5mg/kg 以下，而土壤碱解氮、速效钾含量较为丰富。人工种植紫花苜蓿可以提高土壤氮含量，由于磷在土壤中溶解性较差，难以移动，而植物生长又不断消耗土壤中的磷，从而导致磷成为科尔沁沙地紫花苜蓿生长发育的限制元素。

　　磷是作物生长发育所必需的大量营养元素之一，对作物生长发育及产量的形成有着重要的影响。磷是植物细胞的结构组分元素，能促进植株的生长发育，直接参与光合作用中的光合磷酸化和碳水化合物的合成与运转过程。磷是植物体内核酸、核蛋白、ATP、叶绿素等重要有机化合物的组成成分，同时又以多种形式参与植物体内各种代谢过程。磷在光合作用、呼吸作用、脂肪代谢、酶及蛋白的活性调节、糖代谢及氮代谢等生理生化过程中起着不可替代的重要作用。实际上磷几乎参与了植物体内所有的物质代谢、能量代谢和细胞调节过程。磷能促进氮代谢，提高氮效率；磷对脂肪的代谢也有重要的作用，从而提高植物对外界不良环境的适应性，充足的磷素营养能增强植物的抗旱、抗寒、抗倒伏等能力。增强植株抗逆境能力。磷还是调节植物生长发育的信号之一，对植物的生长发育有促进作用。

　　紫花苜蓿是一种喜磷作物，其磷素的临界水平为 2.6~3.2g/kg。磷参与紫花苜蓿的组织构成和生化活动，对提高紫花苜蓿产量和改善紫花苜蓿营养品质均有积极的意义。对豆科植物来说，要形成核酸核糖就需要磷，因为磷能够加快合成蛋白质的速度，能够促进氮同化。豆科植物在被施加磷肥之后，会增加其根瘤内所含的豆血红蛋白，进而增强其固氮的活性与结瘤性，可以起到以磷促氮的作用。在紫花苜蓿收获时，每吨干草所带走的 P_2O_5 可达 6~7kg。如果紫花苜蓿缺磷，那么老叶组织里的磷就会向幼嫩组织转移，引发老叶脱落的问题。紫花苜蓿在成熟后，蕴含在茎叶里的磷也会向种子进行转移，所以要想加快种子成熟的进度，就需要适当地施磷。同时施磷可以促进根的生长，并提高根瘤侵染能力，使豆科植物有效根瘤数增多。促进根瘤的固氮能力并显著提高紫花苜蓿的饲草品质和干草产量。

1.3.1 紫花苜蓿磷肥施用的研究现状

近年来国内外报道了许多有关紫花苜蓿施磷肥的研究，主要集中在施磷肥对紫花苜蓿生长发育和产量品质方面。施磷肥能够显著提高紫花苜蓿的鲜草和干草产量。彭文栋等（1994）在一项五年生紫花苜蓿的施肥研究中发现单施磷肥能够显著增产，并且得出一个能够表示磷肥施用量（x）和干草产量（y）间关系的方程：$y = 4\,226.32 + 53.28x - 0.473\,7x^2$。张积祥和李松（1990）针对种植在陇东黄绵土区的紫花苜蓿进行了研究，发现紫花苜蓿会在配施的氮肥的作用下增产，且通过多次的试验，其得出 $55.65kg/hm^2$ P_2O_5 能够确保产量，最经济；而 $103.5kg/hm^2$ P_2O_5 则能确保产量最高。蔡国军等（2012）在龙滩流域进行了两年的紫花苜蓿磷肥试验，研究结果表明，施磷肥可显著促进紫花苜蓿生长并提高其生物量，磷肥最大用量为 $180kg/hm^2$ 时的生物量最高，经过两年的施肥紫花苜蓿平均生物量分别是对照的 1.62 倍和 1.15 倍。于铁峰等（2018）研究则认为对紫花苜蓿施磷肥可显著增产，提升品质及提高氮元素利用率，且生产中磷肥的施用量存在阈值，紫花苜蓿在磷肥的施用量逐渐增多的条件下其产量、品质和利用率的角度均表现为报酬递减规律，当施磷肥水平为 $126kg/hm^2$ 时表现最优。适宜的施磷肥水平主要通过激发 NR 和 GS 活性，以加强氮代谢能力促进对氮素的吸收和同化，从而提高紫花苜蓿产量、品质及氮素利用效率。Fixen（1983）通过研究认为在播种期施加 $75kg/hm^2$ 的磷肥，尽管会提高紫花苜蓿磷的含量，但会降低 3 年的产草量。通过研究，Havlin（1984）也得出了相似的结论。单施磷肥会使紫花苜蓿的品质而得到改善。根据韩雪松（1999）的研究，如果给两年生的紫花苜蓿施磷肥，则会提高其鲜草和干草的产量，增产的效果在施 $180kg/hm^2$（P_2O_5）时最好，且粗蛋白质与粗纤维的含量也会在施磷后得到显著的提高。John 等（1958）通过 3 年的研究发现，在每年的 3 月，将 $0\sim400kg/hm^2$（P_2O_5）施加在紫花苜蓿地中。对比发现，随着磷肥施用量的增加，植株体内磷含量逐渐上升，这使钙磷比显著下降，进而确保了奶牛所需的营养。任爱天等（2014）研究表明磷含量 $60mg/kg$ 可促进菌根侵染率和根瘤数的增加。施磷肥显著提高地上生物量、地下生物量和分枝数。接种根瘤菌或在一定范围内（$0\sim2\,000\mu mol/L$）提高磷肥水平，均可显著增加紫花苜蓿的根长、根表面积、根平均直径、根体积和根系活力，并使其根瘤数增多，根瘤增大，固氮酶活性显著增强，植株全氮含量增加。

1.3.2 土壤中磷素现状

磷是我国及全世界农业生产中作物产量的主要养分限制因素之一。土壤中的磷表现为有效性和移动性差，多以难溶性形式存在。土壤缺磷属于典型的非生物逆境，即土壤实际上并不缺乏磷，土壤中的总磷含量在 0.04%~0.25%，绝大多数为难以被作物吸收利用的固定形态，造成所谓的"遗传学缺乏"。按 Olsen 方法对土壤有效磷分类：土壤有效磷水平大于 20mg/kg 的为有效磷较丰富的土壤；少于 10mg/kg 的土壤为缺磷土壤。植物根系只能直接吸收土壤溶液中的可溶性磷。而可溶性磷在土壤中主要以扩散的方式移动，其扩散系数特别低（$1/10^{11} \sim 1/10^{8}$ cm²/s），移动速度很慢（每季只能移动 1~2cm）。土壤有效磷不足严重制约了作物产量的提高。农业生产中通过增施磷肥来解决土壤有效磷不足这一问题，实现作物的高产、稳产。20 世纪 80 年代以来，我国磷肥的生产和消费量持续快速增加，目前已跃居世界首位。施入农田的磷极易被土壤固定而成为不能被植物利用的固定态磷，磷肥利用率为 10%~25%。磷肥的大量施用，不仅导致磷肥利用率下降和生产成本的增加，而且加速了磷矿资源的枯竭并增大了环境风险。据统计，1960—2000 年全世界的磷肥用量增加 4~5 倍，预计到 2030 年每年将增加 2 000 万 t。

根系是植物吸收利用土壤磷的主要器官。在土壤中，植物根系能够与根际许多微生物（如菌根真菌和解磷细菌等）相互作用，共同调控植物对土壤磷的吸收和利用。研究表明，磷肥施用和土壤条件有密切的关系，磷肥重点应该分配在缺磷（土壤中全磷量在 0.08%~0.1%）和有机质含量低的土壤中，在这种土壤中磷肥的增产效果显著。

1.3.3 深施磷肥的研究现状

磷在土壤中易被固定且移动性较差，多年的累积效应导致磷素养分表层富集而下层不足。已有研究表明，磷肥深施能提高玉米产量和磷养分的利用率。与撒施相比，沟施可以减少磷与土壤的接触，降低磷的固定，为植物供给更多的可溶性磷。Leyshon（1982）认为在干旱条件下，多年生紫花苜蓿沟施磷肥会破坏根毛组织，产草量随施肥深度（0~10cm）的增加而下降。因此，在实现磷养分供需平衡调控的前提下，合理地施用磷肥，提高磷肥利用率，对保持农业的可持续发展具有重要意义。

冯琳等（2018）认为采取局部供磷的方式，可优化棉花根系分布和生长，提高棉花获取异质性磷养分的能力，以发挥棉花的最大生物学潜力，提高养分利用率，减少肥料用量，保护生态环境。席天元等（2016）研究结果表明，分层施磷明显促进了冬小麦生长发育，提高了地上部和根系干重，增加了下层根比例。与深层施磷肥、表层施磷肥和单施磷肥相比，分层施磷处理产量分别增加 7.46%、16.16% 和 75.81%，磷素农学效率分别提高 156.20%、43.71% 和 297.11%。分层施磷可提高冬小麦产量，提高磷肥利用效率。杨云马等（2018）认为玉米根系在磷肥施用点处集中生长，磷肥深施有利于玉米根系向土壤深层生长，显著提高夏玉米产量。赵伟等（2018）认为玉米-大豆套作系统中适当减少磷肥施用量和加大磷肥施用深度在保证作物产量的同时，有利于提高磷利用率，减少土壤磷流失。范秀艳等（2013）研究结果表明，同一施磷水平下，深施磷肥不仅能促进春玉米根重的增加和下层土壤中根条数的增多；同时能延缓生育后期不同土层中根系活力下降，提高根系 SOD 和 POD 活性，降低丙二醛含量。在 100kg/hm² 施磷量下，深施磷较传统施磷方式产量显著提高，增产 7.1%，磷肥利用效率以深施磷肥高于传统施磷肥方式，且差异多数达到显著水平。

2　灌溉量对科尔沁沙地紫花苜蓿人工草地产量、品质及土壤养分运移的影响

　　紫花苜蓿作为"牧草皇后"，具有产量高、品质好等优点。同时紫花苜蓿具有水土保持、培肥地力、改良土壤等作用，对地处农牧交错带的科尔沁地区农牧平衡和改革发展具有重要意义。因此本研究在科尔沁地区依托人工建植的紫花苜蓿草地，基于联合国粮食及农业组织推荐的作物需水量研究方法进行紫花苜蓿灌溉量的初步研究，了解本地区灌溉量与紫花苜蓿产量、品质间的关系，同时探究不同灌溉量处理下，水分对土壤速效养分分布、残留、淋失的影响，旨在寻求科尔沁地区紫花苜蓿产量和水分利用效率较高、品质较好、土壤养分淋失量较低的最佳灌溉量，为科尔沁地区紫花苜蓿水分高效管理及草产业的健康发展、水资源的可持续利用等问题的解决提供理论依据。

2.1　材料与方法

2.1.1　试验地概况

　　试验开展于 2018 年 4—9 月，试验地点位于内蒙古赤峰市阿鲁科尔沁旗邵根镇绿生源生态科技有限公司。地理坐标为 E120°35′，N43°42′，属于中温带半干旱大陆性季风气候区，四季分明，年平均气温 5.5℃，年日照时数 2 760~3 030h，极端最高气温40.6℃，极端最低气温−32.7℃，年平均积温 2 900~3 400℃，无霜期 95~140d，年降水量 300~400mm，主要集中在 6—8 月，年蒸发量 2 000~2 500mm。试验地地势平坦，土壤质地为砂壤土，0~60cm 土层土壤容重为 1.45g/cm³，田间持水量（质量）为16.31%，灌溉水源为地下水，地下水埋深 30m。2018 年试验期内具体气象数据详见表2-1 和图 2-1。

表 2-1　2018 年试验期内气象数据

茬次	日最高气温（℃）	日最低气温（℃）	日最大相对湿度（%）	日最小相对湿度（%）	日平均风速（m/s）	累计有效降水量（mm）
第一茬	24.04	8.61	52.43	16.60	4.06	15.50
第二茬	30.15	16.18	74.49	31.77	2.84	49.90
第三茬	32.05	20.58	87.80	44.63	2.53	131.50

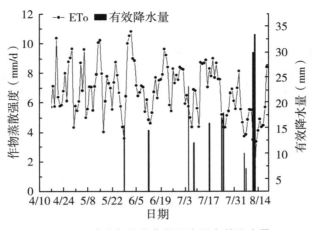

图 2-1　试验期作物蒸散强度及有效降水量

2.1.2　试验材料

试验地于 2017 年建植，供试紫花苜蓿品种为 WL298HQ，播种量为 45kg/hm²，行距 15cm，使用内蒙古蒙绿科技有限公司生产的圆形喷灌机进行灌溉。试验地面积 58 亩，机组共有 2 跨，每跨长 50m，悬臂长 8m，喷灌机入机压力为 0.3MPa，入机流量为 55~57m³/h。生长季内使用肥料为'蓝 P315'，总养分含量（N+P₂O₅+K₂O）≥45%，其中 N∶P∶K=11∶19∶15，施肥时间按照当地生产经验确定，施肥量按照当地生产经验确定为每茬 300kg/hm²。

2.1.3　试验设计

试验采用灌溉量的单因素试验设计，根据联合国粮食及农业组织推荐的 Penman-Monteith 方法，以日为步长计算紫花苜蓿实际需水量（*ETc*）。基于 ETc 设置 4 个灌溉水平 W₁（60%*ETc*，减水 40%）、W₂（80%*ETc*，减水 20%）、W₃（100%*ETc*，正常灌溉量）、W₄（120%*ETc*，增水 20%），每个水平设 5 次重复，共 20 个小区，每个小区面积为 2 亩。灌溉时间确定为：当 W₃ 处理 0~60cm 土层含水量达到田间持水量的 60% 时 W₁、W₂、W₃、W₄ 开始灌溉，灌溉量为相邻两次灌溉时期内累计 *ETc* 的 60%、80%、100% 和 120%（为保证不同处理下紫花苜蓿的正常返青，试验期内各处理下的返青期采用 100%*ETc* 的灌溉处理，其余生育期按照试验处理灌溉）。

ETc 的具体计算过程：首先根据试验地气象数依照 Penman-Monteith 公式计算出各时段内累计的作物蒸散强度（*ETo*），然后根据 FAO-56 推荐 *Kc* 值结合本地区气象数据、紫花苜蓿生长状况对试验地区紫花苜蓿的 *Kc* 进行校正，并最终根据公式 *ETc*=*Kc*× *ETo* 计算出 *ETc*。每次灌水定额由该时段内累计的作物需水量 *ETc* 减去该时段内有效降水量（≥5mm）来确定。2018 年试验期内各处理灌溉量见表 2-2（注：第一茬、第二茬配合公司施肥作业统一补水，累计 167mm）。

$$ETo = \frac{0.408\Delta(R_n - G) + \gamma \dfrac{900}{T + 273} u_2(e_s - e_a)}{\Delta + \gamma(1 + 0.34 u_2)}$$

式中：ETo 为参照作物蒸散强度（mm/d）；R_n 为作物表面净辐射 [MJ/(m²·d)]；G 为土壤热通量密度 [MJ/(m²·d)]；T 为 2m 高处日平均气温（℃）；u_2 为 2m 高处风速（m/s）；e_s 为饱和水气压（kPa）；e_a 为实际水气压（kPa）；Δ 为饱和水气压斜率（kPa/℃）；γ 为干湿表常数（kPa/℃）。

$$K_{cini} = 0.40$$

$$K_{cmid} = 1.2 + [0.04(u_2-2) - 0.004(RH_{min}-45)](h/3)^{0.3}$$

$$K_{cend} = 1.15 + [0.04(u_2-2) - 0.004(RH_{min}-45)](h/3)^{0.3}$$

$$ETc = Kc \times ETo$$

式中：K_{cini} 为生长初期作物系数；K_{cmid} 为生长中期作物系数；K_{cend} 为生长后期作物系数；RH_{min} 为最小相对湿度的平均值；ETc 为实际作物蒸散强度（mm/d）；Kc 为作物系数；ETo 为参照作物蒸散强度（mm/d）。

表 2-2　紫花苜蓿生育期内各处理下灌溉量　　　　　单位：mm

茬次	W₁	W₂	W₃	W₄
第一茬	199	229	260	304
第二茬	259	290	323	370
第三茬	68	68	68	68
总计	526	587	651	747

2.1.4　测定项目与方法

2.1.4.1　气象数据

试验地气象数据由天山镇气象局提供，包括日平均风速、日最高气温、日最低气温、日最大相对湿度、日最小相对湿度、日降水量等气象因子，依照 Penman-Monteith 公式计算出参考作物蒸散强度。

2.1.4.2　紫花苜蓿生长指标测定

株高：在刈割时测定，在每个小区内随机选取 10 株计算平均值。

生长速度：以返青到第一次刈割前株高差除以生长天数来表示。

再生速度：刈割后与再次刈割前的株高差除以间隔时间计算。

一级分枝数：测产时数出 1m² 内的一级分枝数。

分枝质量：用 1m² 内鲜重除以 1m² 内分枝数。

地上生物量：初花期进行刈割，每个小区内随机选取 4 个 1m×1m 的样方进行刈割，留茬高度 5cm，刈割后立即称取鲜重，在所取样方中随机抽取部分样品后称重，放入网兜内保存，随后将所取样品进行烘干称重，然后按照鲜干比折合成每公顷的干草产量。

地下生物量：第三茬刈割后，在样方内随机选取 25cm×25cm×25cm 的小样方进行取样，将样品带回实验室洗净，称取鲜重，烘干后称取干重。

总生物量：地上生物量与地下生物量的和。

2.1.4.3 紫花苜蓿水分利用效率及肥料偏生产力计算

（1）水分利用效率

$$WUE = Y/ET_a$$

（2）灌溉水利用效率

$$IWUE = Y/I$$

式中：IWUE 为灌溉水利用效率；Y 为产量（kg/hm^2）；ET_a 为土壤耗水量（mm）；I 为灌溉量（mm）。

（3）化肥氮素偏生产力

$$PFP_n = Y/N$$

（4）化肥磷素偏生产力

$$PFP_p = Y/P$$

（5）化肥钾素偏生产力

$$PFP_k = Y/K$$

式中：PFP 为偏生产力；Y 为产量（kg/hm^2）；N 为氮肥施用量；P 为磷肥施用量；K 为钾肥施用量。

2.1.4.4 紫花苜蓿营养指标测定及计算

氮含量：采用 H_2SO_4-H_2O_2 消化-凯氏定氮法测定；

磷含量：采用 H_2SO_4-H_2O_2 消化-钼锑抗比色法测定；

粗蛋白质含量：采用凯氏定氮法测定；

中性洗涤纤维（NDF）含量：范氏洗涤纤维法测定；

酸性洗涤纤维（ADF）含量：范氏洗涤纤维法测定。

相对饲喂价值的计算公式：

$$RFV = DMI（\%BW）×DDM（\%DM）/1.29$$
$$DMI（\%BW）= 120/NDF（\%DM）$$
$$DDM（\%DM）= 88.9-0.779ADF（\%DM）$$

式中：DDM 为饲草可消化的干物质（%DM）；DM 是指饲草干物质的随意采食量（%BW）。DMI 和 DDM 可分别由 NDF 与 ADF 计算得到；公式中的 1.29 是以大量动物试验数据为基础预测的盛花期紫花苜蓿可消化干物质的采食量，除以 1.29，目的是使盛花期紫花苜蓿 RFV 值为 100，当某种牧草 RFV 值大于 100 时，说明其整体质量较好。

2.1.4.5 土壤指标测定及计算

（1）土壤水分测定

为判断土壤水分含量是否到达灌溉下限，在紫花苜蓿返青前在 W_3（100%ETc）处理内埋设 6 组测定管，用来检测 W_3 处理内不同位置土壤含水量，最终取 6 组数据的平均值，从而消除土壤空间变异性对灌水时间的影响，使用 TRIME-TDR 测量系统测定土壤含水量，每天测定 1 次，分别在距地表 20cm、40cm、60cm 处测定。

（2）土壤贮水量计算

$$W = \sum_i^n hi \times \rho_i \times b_i \times 10/100$$

式中：W 为土壤贮水量（mm）；hi 为土层深度（cm）；ρ_i 为土壤容重（g/cm³）；b_i 为土壤水分质量百分数。

（3）土壤耗水量计算

$$ETa = SWD + P + I + Wg - R$$

式中：ETa 为耗水量（mm）；SWD 为土壤水分变化量（mm）；P 为降水量（mm）；I 为灌溉量（mm）；Wg 为深层地下水利用量（mm）；R 为地表径流（mm）。

（4）灌水量、降水量分别占总耗水量的比例的计算

$$IP（\%）= I/Eta$$

$$PP（\%）= P/Eta$$

式中：IP 为灌水量占总耗水量的比例（%）；PP 为降水量占总耗水量的比例（%）；ET 为全生育期总耗水量（mm）；I 为生育期灌水量（mm）；P 为生育期有效降水量（mm）。

（5）土壤样品取样及养分测定

在紫花苜蓿返青前及第三茬刈割后，在每个小区内随机选取 3 个点，每点取 3 钻，取 0~100cm 土层土样，按照 0~10cm、10~20cm、20~30cm、30~50cm、50~70cm、70~100cm 分层，装入自封袋，待风干后通过 1mm 筛制备测。采用环刀法按照 0~10cm、10~20cm、20~30cm、30~50cm、50~70cm、70~100cm 分层，测定 0~100cm 土层容重。

碱解氮用碱解扩散法测定；有效磷采用 Olsen 法测定；速效钾采用乙酸铵浸提-火焰光度法测定。

（6）土壤剖面中速效养分累积量计算

速效养分累积量（kg/hm²）= 土层厚度（cm）×土壤容重（g/cm³）×土壤速效养分含量（mg/kg）/10

（7）土壤剖面中速效养分淋失量计算

速效养分淋失量（kg/hm²）= 初始土体速效养分累积量（kg/hm²）-土体残留速效养分累积量（kg/hm²）

2.1.5　数据处理

利用 Excel 2013 进行数据整理，用 SPSS 25.0 对数据进行方差分析及回归分析，用 Origion 2017 作图。

2.2 结果与分析

2.2.1 灌溉量对紫花苜蓿耗水量及水分利用效率的影响

2.2.1.1 灌溉量对紫花苜蓿耗水量的影响

由表 2-3 可知试验期内各处理紫花苜蓿耗水量表现为 $W_4>W_3>W_2>W_1$，耗水量呈现随灌溉量增加而增加的趋势，其中 W_1 处理显著低于其他处理（$P<0.05$）。灌溉量占总耗水量则表现为 $W_3<W_1<W_2<W_4$，$W_1 \sim W_4$ 处理间无显著差异（$P>0.05$），灌溉量占总耗水量最低为 W_3 处理。降水量占总耗水量表现为 $W_1>W_2>W_3>W_4$，呈现随灌溉量增加不断降低的趋势，W_1 处理显著高于其他处理（$P<0.05$），W_3、W_4 处理间无显著差异（$P>0.05$）。

表 2-3　不同灌溉对紫花苜蓿耗水特性的影响

处理	耗水量（mm）	灌溉量占总耗水量（%）	降水量占总耗水量的比例（%）
W_1	612.96±18.42d	86.18±2.45a	32.26±0.92a
W_2	669.46±25.31c	88.29±3.24a	29.62±1.09b
W_3	757.14±14.38b	86.14±1.67a	26.05±0.51c
W_4	817.76±8.73a	91.40±0.98a	24.09±0.26c

注：同列数值后不同字母表示差异显著（$P<0.05$）。下同。

2.2.1.2 灌溉量对紫花苜蓿灌溉水利用效率的影响

三茬间灌溉水利用效率表现为第三茬 [47.95kg/（mm·hm²）] >第二茬 [17.79kg/（mm·hm²）] >第一茬 [13.13kg/（mm·hm²）]，三茬灌溉水利用效率表现为随着茬次的增加，灌溉水利用效率增加。第一茬内灌溉水利用效率表现为 $W_3>W_4>W_1>W_2$，其中 W_3 处理灌溉水利用效率最高且显著高于其他处理（$P<0.05$），W_1、W_2、W_4 处理间差异不显著（$P>0.05$）。第二茬内灌溉水利用效率表现为 $W_1>W_2>W_3>W_4$，其中 W_1 处理灌溉水利用效率最高但与 W_2、W_3 处理间差异不显著（$P>0.05$），W_4 处理显著低于其他处理（$P<0.05$）。第三茬内灌溉水利用效率表现为 $W_3>W_2>W_4>W_1$，其中 W_3 处理灌溉水利用效率最高但与 W_2 处理间差异不显著但均显著高于 W_1、W_4 处理（$P<0.05$），W_1 处理灌溉水利用效率最低且显著低于其他处理（$P<0.05$）。从各处理三茬平均灌溉水利用效率来看 $W_3>W_2>W_1>W_4$，其中 W_3 处理灌溉水利用效率最高且显著高于其他处理（$P<0.05$），W_1、W_2 处理间灌溉水利用效率差异不显著（$P>0.05$），W_4 处理灌溉水利用效率最低且显著低于其他处理（$P<0.05$）（表2-4）。

表2-4 不同灌溉量对灌溉水利用效率的影响　　　　单位：kg/(mm·hm²)

处理	第一茬	第二茬	第三茬	三茬平均
W_1	11.85±0.75b	19.82±1.35a	37.01±1.81c	19.03±0.86b
W_2	10.73±0.91b	18.48±0.34a	53.29±1.37a	19.49±0.57b
W_3	17.60±1.05a	18.38±1.12a	56.63±1.95a	22.06±0.27a
W_4	12.33±0.30b	14.48±1.02b	44.88±3.51b	16.27±0.51c

2.2.1.3　灌溉量对紫花苜蓿水分利用效率的影响

　　试验期内水分利用效率整体表现为随灌溉量的增加先升高后降低的趋势。三茬间水分利用效率表现为第三茬 [16.89kg/(mm·hm²)] >第一茬 [14.34kg/(mm·hm²)] >第二茬 [13.30kg/(mm·hm²)]。第一茬内 W_3>W_4> W_1>W_2，W_3 处理水分利用效率最高且显著高于其他处理（$P<0.05$），W_1、W_2 处理间无显著差异（$P>0.05$）。第二茬内水分利用效率表现为 W_3>W_1>W_2>W_4，W_1、W_2、W_3 处理间差异不显著（$P>0.05$），但都显著高于 W_4（$P<0.05$）。第三茬内水分利用效率表现为 W_3>W_4>W_2>W_1，W_3 处理显著高于其他处理（$P<0.05$），W_1、W_2、W_4 处理间差异不显著（$P<0.05$）。从各处理三茬平均水分利用效率来看，W_3>W_2>W_1>W_4，W_3 处理水分利用效率最高且显著高于其他处理（$P<0.05$），W_1、W_2 处理间差异不显著（$P>0.05$），W_4 处理显著低于其他处理（$P<0.05$）（表2-5）。

表2-5 不同灌溉量对紫花苜蓿水分利用效率的影响

单位：kg/(mm·hm²)

处理	第一茬	第二茬	第三茬	三茬平均
W_1	11.23±0.70c	14.55±0.99a	11.40±0.96b	16.32±0.74bc
W_2	11.03±0.94c	13.94±0.26a	12.57±0.56b	17.09±0.50b
W_3	20.89±1.25a	15.65±0.96a	16.31±0.97a	19.28±0.23a
W_4	14.20±0.35b	11.13±0.78b	12.92±1.75b	14.87±0.47c

2.2.2　灌溉量对紫花苜蓿生产特性的影响

2.2.2.1　灌溉量对紫花苜蓿生物量的影响

　　三茬间地上生物量表现为第一茬与第三茬地上生物量接近，分别占三茬总产量的27.4%和27.2%，第二茬对全年产量的贡献最高，占全年总产量的45.4%。灌溉对三茬紫花苜蓿产量的影响相同，均表现为随灌溉量增加，紫花苜蓿产量先升高后降低。第一茬地上生物量表现为 W_3>W_4>W_2>W_1，其中 W_3 处理地上生物量达到最大且显著高于其他处理（$P<0.05$），W_1 处理地上生物量最低且显著低于 W_3、W_4，但与 W_2 处理相比差异不显著（$P>0.05$），相比正常灌溉量来说，第一茬内减水对地上生物量影响大于增水对地上生物量的影响，且减水影响极大。第二茬地上生物量表现为 W_3>W_2>W_4>W_1，其中 W_3 处理地上生物量达到最大，但与其他处理相比差异不显著（$P>0.05$），相比正常灌溉量来说,第二茬内减水 20% 与增水 20% 之间无明显差异,但减水 40% 则对产量影响较大。第三茬地上生物量则表现为 $W_3>W_2>W_4>W_1$,其中 W_3 处理地上生物量达到最大且显著高于 W_1、W_4 处理,与 W_2 处理相比差异不显著($P>0.05$),W_1 处理地上生物量最低且显著低于其他处理($P<0.05$),相比正常灌溉量来说,第三茬内减水 20% 对地上生物量的影响小于增水 20% 对地上生物量的影响。从三茬总产量上来看,总产量表现为随着灌溉量增加先升高后降低的趋势,$W_3>W_4>W_2>W_1$,其中 W_3 处理总产量达到最大且显著高于其他处理($P<0.05$),W_2、W_4 处理间差异不显著($P>0.05$),W_1 处理总产量最低且显著低于其他处理($P<0.05$),相比正常灌溉量来说,减水 20% 与增水 20% 相比对三茬总产量的影响更大。试验期内紫花苜蓿地下生物量表现出随着灌溉量的增加先增加后减少的趋势。$W_3>W_2>W_4>W_1$,其中 W_3 处理地下生物量达到最大且显著高于其他处理($P<0.05$),W_2、W_4 处理间差异不显著($P>0.05$),W_1 处理地下生物量最低且显著低于其他处理($P<0.05$),相比正常灌溉量来说,减水 20% 与增水 20% 相比对地下生物量影响无明显差异。由表 2-6 可知,不同灌水量对紫花苜蓿总生物量的影响表现为随着灌溉量的增加总生物量增加,在 W_3 处理总生物量达到最大,之后表现为随着灌溉量的增加总生物量降低,其中,W_3 处理下总生物量最高且显著高于其他处理($P<0.05$),W_2 与 W_4 处理之间总生物量差异不显著($P>0.05$),W_1 处理下总生物量最低且显著低于其他处理($P<0.05$),相比正常灌溉量来说,减水 20% 与增水 20% 相比对总生物量影响更大。

表 2-6 不同灌溉量对紫花苜蓿生物量的影响 单位:kg/hm²

处理	地上生物量				地下生物量	总生物量
	第一茬	第二茬	第三茬	总产量		
W_1	2 357±149c	5 133±350a	2 517±123c	10 008±452c	2 816±53c	12 823±453c
W_2	2 457±208c	5 360±99a	3 624±93a	11 441±334b	3 093±66b	14 534±241b
W_3	4 576±273a	5 935±363a	3 851±133a	14 362±174a	4 053±60a	18 414±145a
W_4	3 748±92b	5 356±377a	3 052±238b	12 156±381b	3 051±26b	15 206±356b

2.2.2.2 灌溉量对紫花苜蓿产量构成因子的影响

三茬间株高表现出第二茬(74.1cm)>第三茬(73.6cm)>第一茬(64.85cm),第一茬、第二茬以及三茬平均株高均表现出随着灌溉量的增加苜蓿呈现升高的趋势。其中第一茬株表现为 $W_4>W_2>W_3>W_1$,W_4 处理株高达到最高,且 W_4 显著高于其他处理($P<0.05$),W_2、W_3 处理间差异不显著($P>0.05$),W_1 处理株高最低且显著低于其他处理($P<0.05$);第二茬株高表现为 $W_4>W_3>W_2>W_1$,W_4 处理株高达到最高,但与 W_3 处理间差异不显著($P>0.05$),W_3、W_4 处理显著高于 W_1、W_2 处理($P<0.05$);W_1 处理株高最低且显著低于其他处理($P<0.05$);第三茬株高表现为 $W_2>W_4>W_3>W_1$,其中 W_2 处理株高达到最高,但与 W_3、W_4 处理间差异不显著($P>0.05$),W_1 处理株高最低且显著低于 W_2 处理($P<0.05$),但与 W_3、W_4 处理间差异不显著($P>0.05$)(表 2-7)。

表 2-7　不同灌溉量对紫花苜蓿株高的影响　　　　　　　　单位：cm

处理	第一茬	第二茬	第三茬
W_1	59.4±0.4c	66.8±0.2c	71.9±0.4b
W_2	66.4±0.7b	75.6±0.3b	75.4±0.7a
W_3	65.0±0.8b	76.8±0.2a	73.2±0.8ab
W_4	68.6±1.0a	77.2±0.4a	73.9±0.8ab

　　三茬间分枝数表现出随着刈割次数的增加分枝数不断降低的趋势、第一茬（480
枝/m²）>第二茬（466 枝/m²）>第三茬（363 枝/m²）。第一茬分枝数表现为随灌溉量
的增加呈现先升高后降低的趋势，W_2 处理分枝数显著高于 W_1、W_4 处理（$P<0.05$），
但与 W_3 处理间差异不显著（$P>0.05$）。第二茬、第三茬处理间分枝数差异不显著
（$P>0.05$）。就分枝质量而言，三茬间分枝质量表现为第二茬（5.4g/枝）>第一茬
（3.7g/枝）>第三茬（3.6g/枝），其中第一茬分枝质量表现为随灌溉量增加不断增加的
趋势，W_4 处理分枝质量达到最大且显著高于 W_1、W_2 处理（$P<0.05$），但与 W_3 处理
差异不显著（$P>0.05$）。各处理间第二茬分枝质量差异不显著（$P>0.05$），第三茬分枝
质量表现为随灌溉量的增加先升高后降低的趋势，其中 $W_3>W_2=W_4>W_1$，W_3 处理分枝
质量达到最大且显著高于 W_1 处理（$P<0.05$），但与 W_2、W_4 处理间差异不显著
（$P>0.05$）（表 2-8）。

表 2-8　不同灌溉量对紫花苜蓿分枝数和分枝质量的影响

处理	分枝数（枝/m²）			分枝质量（g/枝）		
	第一茬	第二茬	第三茬	第一茬	第二茬	第三茬
W_1	374±46b	468±47a	330±61a	3.0±0.2b	5.0±0.2a	2.7±0.1b
W_2	563±27a	509±48a	408±32a	3.2±0.4b	4.9±0.7a	3.7±0.5ab
W_3	557±44a	467±77a	357±14a	3.8±0.4ab	5.6±0.8a	4.4±0.6a
W_4	426±36b	422±28a	358±7a	4.3±0.4a	6.0±0.4a	3.7±0.2ab

2.2.2.3　灌溉量对紫花苜蓿生长速度的影响

　　表 2-9 为不同灌溉处理下紫花苜蓿生长素的影响，其中第一茬生长速度表现为随
灌溉量增加不断增加的趋势，$W_4>W_2>W_3>W_1$，其中 W_4 处理生长速度最高且显著高于
其他处理（$P<0.05$），W_2、W_3 处理间差异不显著（$P>0.05$），W_1 处理生长速度最低
且显著低于其他处理（$P<0.05$）；第二茬、第三茬生长速度则表现不同，第二茬生长速
度表现出随灌溉量的增加不断增加的趋势（$P>0.05$），$W_4>W_2>W_3>W_1$，W_1 处理下生
长速度最低但与其他处理差异不显著（$P>0.05$）。第三茬生长速度则表现为 $W_4>W_3>$
$W_2>W_1$。

表 2-9　不同灌溉量对紫花苜蓿生长速度的影响　　　　单位：cm/d

处理	第一茬	第二茬	第三茬
W_1	1.10±0.01c	2.11±0.05a	2.45±0.02c
W_2	1.23±0.01b	2.25±0.05a	2.49±0.03c
W_3	1.20±0.01b	2.15±0.06a	2.60±0.03b
W_4	1.27±0.02a	2.26±0.06a	2.73±0.02a

2.2.2.4　灌溉量对肥料偏生产力的影响

表 2-10 为不同灌溉量处理对肥料偏生产力的影响。从总体上看化肥氮素偏生产力（PFP_N）>化肥钾素偏生产力（PFP_K）>化肥磷素偏生产力（PFP_P），PFP_N、PFP_P、PFP_K 分别为 181.69kg/kg、83.28kg/kg、133.24kg/kg。PFP_N、PFP_P、PFP_K 与灌溉量均呈现单峰曲线，都表现为随灌溉量的增加先升高后降低趋势。PFP_N、PFP_P、PFP_K 均在 W_3 处理达到最大，且显著高于其他处理（$P<0.05$），W_2、W_4 处理间差异不显著（$P>0.05$），W_1 处理 PFP_N 最低，从 W_2 和 W_4 处理的结果来看，减水对肥料偏生产力的影响大于增水的影响。从 PFP_N、PFP_P、PFP_K 来看，磷肥可能是本地区紫花苜蓿肥料管理中的限制因子。

表 2-10　不同灌溉量对肥料偏生产力的影响　　　　单位：kg/kg

处理	PFP_N	PFP_P	PFP_K
W_1	151.63±6.84c	69.50±3.14c	111.20±5.02c
W_2	173.35±5.06b	79.45±2.32b	127.12±3.70b
W_3	217.60±2.63a	99.73±1.20a	159.57±1.93a
W_4	184.19±5.78b	84.42±2.65b	135.07±4.23b

2.2.2.5　相关分析

图 2-2 为灌溉量与产量的相关分析，通过回归分析用一元二次方程对灌溉量与产量关系进行拟合，得到拟合方程 $y=-0.2027x^2+270.04x-76\ 312$（$R^2=0.762\ 3$），对方程求偏导可以得出产量最高为 13 635.83kg/hm^2，产量最高时的灌溉量为 666.11mm。

2.2.3　灌溉量对紫花苜蓿氮、磷计量特征的影响

2.2.3.1　灌溉量对紫花苜蓿氮含量的影响

通过表 2-11 可知氮含量在不同茬次之间的变化趋势为随着茬次的增加，氮含量呈逐渐增加的趋势，第三茬（3.11g/kg）>第二茬（3.02g/kg）>第一茬（2.83g/kg）。第一茬各处理间氮含量表现为 W_4>W_1>W_3>W_2，其中 W_4 处理氮含量最高且显著高于 W_2 处理（$P<0.05$），但与 W_1 和 W_3 处理之间差异不显著（$P>0.05$）。第二茬各处理间氮含量表现为 W_4>W_2>W_3>W_1，其中 W_4 处理氮含量最高，但与其他

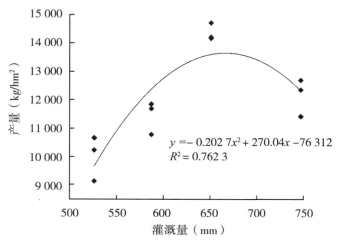

$$y = -0.202\,7x^2 + 270.04x - 76\,312$$
$$R^2 = 0.762\,3$$

图 2-2   灌溉量与产量相关分析

处理之间无显著差异（$P>0.05$）。第三茬各处理间氮含量表现为 $W_1>W_3>W_2>W_4$，其中 W_1 处理氮含量最高但与其他处理之间无显著差异（$P>0.05$）。三茬各处理间氮平均含量表现为 $W_4>W_3>W_1>W_2$，其中 W_4 处理氮含量最高但与其他处理之间无显著差异（$P>0.05$）。不同灌溉量对根氮含量的影响表现为 $W_4>W_1>W_3>W_2$，其中 W_4 处理氮含量最高且显著高于 W_2 处理，但与 W_1、W_3 处理之间无显著差异（$P>0.05$）。

表 2-11   不同灌溉量对紫花苜蓿氮含量的影响   单位：g/kg

处理	第一茬	第二茬	第三茬	三茬平均	根
W_1	3.06±0.21a	2.85±0.4a	3.25±0.13a	3.05±0.10a	2.93±0.63ab
W_2	2.31±0.10b	3.06±0.04a	3.03±0.61a	2.80±0.14a	2.10±0.22b
W_3	2.78±0.38ab	2.99±0.34a	3.18±0.31a	2.98±0.14a	2.78±0.76ab
W_4	3.16±0.09a	3.18±0.37a	2.99±0.30a	3.11±0.08a	3.16±0.17a

2.2.3.2   灌溉量对紫花苜蓿磷含量的影响

不同茬次之间紫花苜蓿磷含量比较稳定，表现为第一茬（0.18g/kg）<第二茬（0.30g/kg）=第三茬（0.30g/kg）。第一茬紫花苜蓿磷含量表现为 $W_4>W_3>W_1>W_2$，其中 W_4 处理磷含量显著高于 W_1、W_2 处理（$P<0.05$），但与 W_3 处理相比差异不显著（$P>0.05$）；第二茬磷含量表现为 $W_4>W_1>W_3>W_2$，其中 W_4 处理磷含量最高但与其他处理相比无显著差异（$P>0.05$）；第三茬磷含量则表现为 $W_4=W_2>W_3>W_1$，各处理间磷含量无显著差异（$P>0.05$）；三茬平均磷含量呈现随灌溉量增加而增加的趋势，表现为 $W_4>W_3>W_2=W_1$，其中 W_4 处理三茬磷平均含量显著高于 W_1、W_2 处理（$P<0.05$），但与 W_3 相比差异不显著（$P>0.05$）。紫花苜蓿根磷含量稳定，不同灌溉量处理对紫花苜蓿根磷含量无影响（表2-12）。

表2-12 不同灌溉量对紫花苜蓿磷含量的影响　　　　单位：g/kg

处理	第一茬	第二茬	第三茬	三茬平均	根
W_1	0.12±0.01bc	0.32±0.03a	0.25±0.05a	0.23±0.03b	0.10±0.01a
W_2	0.10±0.01c	0.26±0.01a	0.33±0.01a	0.23±0.03b	0.10±0.01a
W_3	0.22±0.07ab	0.28±0.02a	0.29±0.02a	0.26±0.02ab	0.10±0.01a
W_4	0.28±0.01a	0.35±0.05a	0.33±0.03a	0.32±0.02a	0.10±0.01a

2.2.3.3 灌溉量对紫花苜蓿氮磷比的影响

由表2-13可知，灌溉量对第一茬紫花苜蓿氮磷比有显著影响，第一茬内随着灌溉量的增加各处理氮磷比下降，W_1、W_2处理显著高于W_3、W_4处理（$P<0.05$）；第二茬第三茬各处理间氮磷比无显著差异（$P>0.05$）；综合三茬平均氮比考虑，灌溉量与氮磷比之间存在一定负相关关系。

表2-13 不同灌溉量对紫花苜蓿氮磷比的影响

处理	第一茬	第二茬	第三茬	三茬平均
W_1	26.17±2.47a	9.21±1.27a	16.18±4.64a	17.19±2.66a
W_2	23.76±0.89a	12.00±0.36a	9.10±0.74a	14.95±1.95ab
W_3	15.76±3.29b	11.02±0.89a	11.30±1.16a	12.69±1.27ab
W_4	11.20±0.73b	9.56±1.27a	9.52±1.27a	10.09±0.63b

2.2.4 灌溉量对紫花苜蓿品质的影响

2.2.4.1 灌溉量对紫花苜蓿粗蛋白质含量的影响

不同茬次之间紫花苜蓿粗蛋白质含量表现为随茬次的增加而增加，即第一茬（17.67%）＜第二茬（18.87%）＜第三茬（19.45%）。第一茬内各处理间粗蛋白质含量表现为$W_4>W_1>W_3>W_2$，其中W_4处理紫花苜蓿粗蛋白质含量最高且显著高于W_2处理（$P<0.05$），与W_1和W_3处理相比无显著差异（$P>0.05$）；第二茬内各处理间粗蛋白质含量表现为$W_4>W_2>W_3>W_1$，其中W_4处理紫花苜蓿粗蛋白质含量最高但与其他处理相比无显著差异（$P>0.05$）；第三茬内各处理间粗蛋白质含量表现为$W_1>W_3>W_2>W_4$，其中W_1处理下紫花苜蓿粗蛋白质含量最高但与其他处理相比无显著差异（$P>0.05$）；分析各处理下三茬紫花苜蓿粗蛋白质平均含量发现各处理间粗蛋白质含量表现为$W_4>W_1>W_3>W_2$，W_4处理粗蛋白质含量最高但与其他处理相比无显著差异（$P>0.05$）（表2-14）。

图2-3为不同灌溉量处理下紫花苜蓿粗蛋白质含量及其分级，根据农业农村部发布的《豆科牧草干草质量分级》中关于粗蛋白质含量占干物质比例的划分可知，所有

处理三茬内粗蛋白质含量绝大部分达到一级标准及以上，其中 W_1 处理第一茬、第三茬粗蛋白质含量达到特级标准，第二茬达到一级标准；W_2 处理第二茬达到特级标准，第三茬达到一级标准，第一茬为二级标准；W_3 处理第三茬为特级标准，第一茬、第二茬为一级标准；W_4 处理第一茬、第二茬为特级标准，第三茬为一级标准。

表 2-14　不同灌溉量对紫花苜蓿粗蛋白质含量的影响　　　　　　单位：%

处理	第一茬	第二茬	第三茬	三茬平均
W_1	19.16±1.33a	17.80±1.18a	20.31±0.41a	19.09±0.60a
W_2	14.42±0.62b	19.11±0.11a	18.94±1.92a	17.49±0.90a
W_3	17.35±2.38ab	18.67±1.08a	19.90±0.97a	18.64±0.90a
W_4	19.76±0.54a	19.88±1.14a	18.66±0.94a	19.43±0.50a

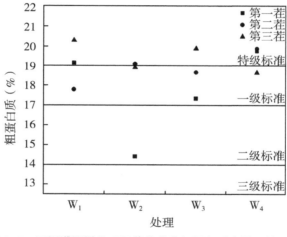

图 2-3　不同灌溉量处理下紫花苜蓿粗蛋白质含量及其分级

2.2.4.2　灌溉量对紫花苜蓿纤维含量的影响

通过分析表 2-15 可知，紫花苜蓿酸性洗涤纤维（ADF）含量随着茬次的增加降低，第一茬（35.37%）>第二茬（32.34%）>第三茬（32.31%）。第一茬内各处理间 ADF 含量表现为 $W_3>W_1>W_4>W_2$，其中 W_3 处理 ADF 含量最高但与其他处理间无显著差异（$P>0.05$）；第二茬各处理间 ADF 含量表现为 $W_3>W_4>W_1>W_2$，W_3 处理 ADF 含量最高但与其他处理间无显著差异（$P>0.05$）；第三茬各处理间 ADF 含量表现为 $W_4>W_3>W_2>W_1$，W_4 处理 ADF 含量最高但与其他处理间无显著差异（$P>0.05$）；各处理间三茬 ADF 平均含量为 $W_4>W_3>W_2>W_1$，W_4 处理 ADF 含量最高但与其他处理间无显著差异（$P>0.05$）。

图 2-4 为不同灌溉量处理下紫花苜蓿 ADF 含量及其分级，根据《豆科牧草干草质量分级》中关于 ADF 级别划分可知，第一至第三茬 ADF 含量绝大部分达到一级标准，其中 W_1 处理第二茬、第三茬达到一级标准，第一茬为二级标准；W_2 处理第一至第三

茬均达到一级标准；W_3 处理第二茬、第三茬达到一级标准，第一茬为二级标准；W_4 处理第一至第三茬均达到一级标准。

表 2-15　不同灌溉量处理对紫花苜蓿 ADF 含量的影响　　　　单位:%

处理	第一茬	第二茬	第三茬	三茬平均
W_1	35.35±0.70a	31.60±0.94a	31.96±1.16a	32.97±0.70a
W_2	34.88±0.85a	31.22±0.55a	32.11±0.50a	32.74±0.58a
W_3	36.35±0.50a	33.93±0.55a	32.23±0.91a	34.17±0.63a
W_4	34.90±1.21a	32.52±0.75a	33.07±0.38a	33.50±0.54a

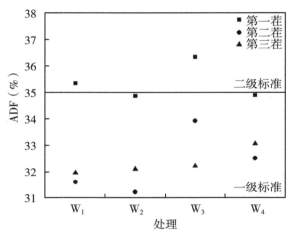

图 2-4　不同灌溉量处理下 ADF 含量及其分级

由表 2-16 计算可知，紫花苜蓿 NDF 含量随着茬次的增加递减，第一茬（42.14%）>第二茬（40.73%）>第三茬（35.12%）。第一茬内各处理间 NDF 含量表现为随着灌溉量的增加逐渐增加，即 $W_4>W_3>W_2>W_1$，其中 W_4 处理 NDF 含量最高且显著高于 W_1（$P<0.05$），但与 W_2、W_3 处理间差异不显著（$P>0.05$），W_2、W_3 处理间 NDF 含量无显著差异（$P>0.05$）；第二茬 W_4 处理 NDF 含量达到最大，但与其他处理相比无显著差异（$P>0.05$）；第三茬内 W_2 处理 NDF 含量最大，但与各处理间无显著差异（$P>0.05$）；分析各处理三茬平均 NDF 含量发现，NDF 含量随灌溉量增加逐渐增加，$W_4>W_3>W_2>W_1$，其中 W_4 处理 NDF 含量达到最大，但与其他处理相比无显著差异（$P>0.05$）。

表 2-16　不同灌溉量对紫花苜蓿 NDF 含量的影响　　　　单位:%

处理	第一茬	第二茬	第三茬	三茬平均
W_1	37.30±1.16b	39.26±2.33a	34.32±2.94a	36.96±1.33a
W_2	41.56±3.25ab	38.57±1.83a	35.58±1.61a	38.57±1.43a

处理	第一茬	第二茬	第三茬	三茬平均
W_3	42.89±1.97ab	41.95±3.06a	35.12±2.89a	39.99±1.75a
W_4	46.80±2.78a	43.14±1.11a	35.46±3.59a	41.80±2.00a

图 2-5 为不同灌溉量处理下紫花苜蓿 NDF 含量及其分级，根据《豆科牧草干草质量分级标准》中关于 NDF 分级发现，随着茬次的增加，NDF 等级逐渐增加，第一茬内特级标准一个、一级标准两个、二级标准一个，第二茬内两个特级标准、两个一级标准，第三茬内所有处理均为特级标准。同时可以发现随着灌溉量的减少，NDF 品级越来越好，W_4 处理第一茬为二级标准，第二茬为一级标准，第三茬为特级标准；W_3 处理第一茬、第二茬为一级标准，第三茬为特级标准；W_2 处理第一茬为一级标准，第二茬、第三茬为特级标准；W_1 处理三茬均为特级标准。

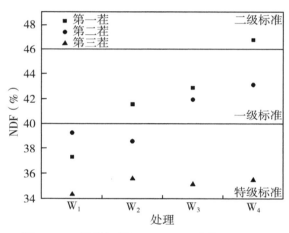

图 2-5 不同灌溉量处理下 NDF 含量及其分级

2.2.4.3 灌溉量对紫花苜蓿相对饲喂价值（RFV）的影响

由表 2-17 计算可知，紫花苜蓿 RFV 随着茬次的增加而增加，第三茬（172.26）>第二茬（147.16）>第一茬（137.52）。第一茬各处理间紫花苜蓿 RFV 表现为 W_3>W_1>W_4>W_2，其中 W_3 处理 RFV 达到最大但与其他处理相比无显著差异（P>0.05）；第二茬中各处理间紫花苜蓿 RFV 表现为 W_2>W_4>W_3>W_1，W_2 处理 RFV 达到最大但与其他处理相比无显著差异（P>0.05）；第三茬中各处理间紫花苜蓿 RFV 表现为 W_3>W_4>W_2>W_1，W_3 处理下 RFV 达到最大但与其他处理相比无显著差异（P>0.05）；分析紫花苜蓿三茬平均 RFV 值发现，RFV 呈现随灌溉量增加先升高后降低的趋势，表现为 W_3>W_4>W_2>W_1，W_3 处理 RFV 达到最大但与其他处理相比无显著差异（P>0.05）；总结第一茬至第三茬及三茬 RFV 平均值发现，相对正常灌溉量（W_3），减水 20%与增水 20%对 RFV 影响波动较小。

表 2-17　不同灌溉量处理对紫花苜蓿 RFV 的影响

处理	第一茬	第二茬	第三茬	三茬平均
W_1	139.69±10.33a	134.85±6.94a	158.50±8.45a	144.35±4.73a
W_2	132.78±6.17a	155.24±10.51a	172.69±14.60a	153.57±6.42a
W_3	144.06±10.50a	146.00±9.06a	179.75±14.60a	156.60±6.01a
W_4	133.55±7.98a	152.56±6.66a	178.08±15.23a	154.73±6.76a

图 2-6 为不同灌溉量处理下紫花苜蓿 RFV 及其分级，根据《豆科牧草干草质量分级》中关于 RFV 分级发现，随着茬次的增加，紫花苜蓿品级在不断升高。第一茬内 $W_1 \sim W_4$ 处理均为一级标准；第二茬内 W_1、W_3 处理为一级标准，W_2、W_4 处理则达到特级标准；第三茬则表现为 $W_1 \sim W_4$ 均达到特级标准。同时分析发现随着灌溉量增加，紫花苜蓿 RFV 品级也呈现波动升级的趋势。W_1 处理第一茬、第二茬为一级标准，第三茬为特级标准；W_2 处理第一茬为一级标准，第二茬、第三茬则为特级标准，W_3 处理第一茬、第二茬为一级标准，第三茬为特级标准，W_4 处理第一茬为一级标准，第二茬、第三茬为特级标准。

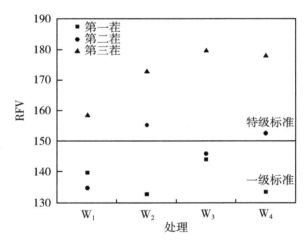

图 2-6　不同灌溉量处理下的 RFV 及其分级

2.2.5　灌溉量对土壤养分运移的影响

2.2.5.1　灌溉量对土壤有效磷含量的影响

由图 2-7 可知，不同灌溉量处理对 $W_1 \sim W_4$ 处理有效磷在 0~100cm 土层内的剖面分布影响存在差异，W_1 处理在各个土层深度内，有效磷含量均高于其他处理（$P < 0.05$），而 W_3 处理在各个土层内有效磷含量均低于其他处理（$P < 0.05$）。W_1 处理有效磷的累积峰出现在 50~70cm 土层范围内，W_2、W_4 处理累积峰出现在 30~50cm 土层范围内，W_3 累积峰则在 70~100cm 土层内出现。而不同灌溉量处理在 0~100cm 土层深度内的，有效磷含量的最低值出现的土层也不同，W_1、W_2、W_4 处理最低值出现在 20~

30cm 土层范围内，W_3 处理则在 50~70cm 土层内有效磷含量达到最低值。

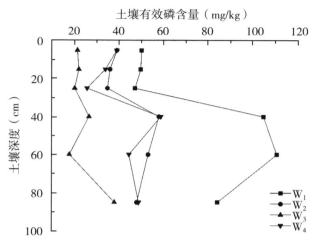

图 2-7　不同灌溉量对土壤有效磷剖面分布的影响

　　由表 2-18 可知，有效磷的残留量表现出随灌溉量增加先降低后增加的趋势，其中 W_1 处理土壤有效磷残留量最高且显著高于其他处理（$P<0.05$），W_3 处理土壤有效磷残留量最低且显著低于其他处理（$P<0.05$），W_2、W_4 处理间土壤有效磷残留量无显著差异（$P>0.05$）。在 0~100cm 土层内 W_1、W_2、W_3、W_4 处理有效磷的淋失量则表现出随灌溉量的增加先升高后降低的趋势，淋失量最大出现在 W_2 处理，且 W_2 处理显著高于 W_1、W_4 处理（$P<0.05$），但 W_3 处理无显著差异（$P>0.05$），淋失量最小值出现在 W_1 处理。

表 2-18　灌溉处理下土壤有效磷残留量变化　　　　单位：kg/hm^2

处理	处理前	处理后	差值
W_1	480.08±14.55b	446.37±18.27a	33.71±33.27c
W_2	543.85±19.06a	268.28±18.48b	275.57±14.53a
W_3	381.30±10.17c	145.18±21.63c	236.12±9.28a
W_4	419.67±20.26c	250.00±11.83b	169.67±11.26b

　　图 2-8 为灌溉量与有效磷淋失量的相关分析，通过回归分析用一元二次方程对灌溉量与有效磷淋失量关系进行拟合，得到拟合方程 $y = -0.014x^2 + 18.237x - 5\ 678.38$，$R^2 = 0.611$，对方程求偏导可以得出有效磷淋失量最高为 260.69kg/hm²，有效磷淋失量最高时的灌溉量为 651mm。

2.2.5.2　灌溉量对土壤速效钾含量的影响

　　由图 2-9 可知，不同灌溉量处理对 0~100cm 土层深度内速效钾含量的影响在 W_1~W_4 处理间表现出的趋势一致，均呈现"S"形分布，即随着土层深度的增加，W_1~W_4

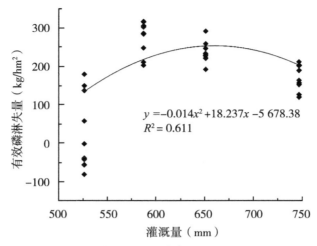

图 2-8　灌溉量与有效磷淋失量相关分析

处理土壤速效钾含量不断降低并在 20～30cm 土层内降至最低值，之后随着土层深度的增加，土壤速效钾含量不断上升并出现峰值，在 30～50cm 土层深度内达到峰值，然后随着土层深度的增加，速效钾含量不断降低。

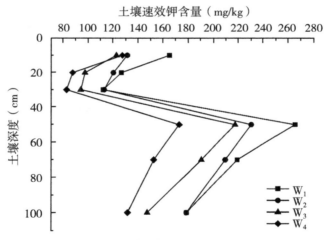

图 2-9　灌溉量对土壤速效钾剖面分布的影响

由表 2-19 可知，灌溉处理对速效钾残留量的影响表现为：W_1 处理土壤速效钾残留量达到最高值且显著高于其他处理（$P<0.05$），W_3 处理土壤有速效钾留量最低且显著低于其他处理（$P<0.05$）。W_1 处理速效钾的淋失量与灌溉量呈负相关，即在 W_1 处理秋季土壤速效钾含量比春季土壤速效钾含量增加了 173.84kg/hm^2，W_2、W_3、W_4 处理则呈现淋失量与灌溉量正相关。W_1～W_4 处理淋失量最大发生在 W_4 处理，W_2、W_3、W_4 处理间无显著差异（$P>0.05$）。

表 2-19	灌溉处理下土壤速效钾残留量变化		单位：kg/hm²
处理	处理前	处理后	差值
W₁	892.19±15.28b	1 066.02±2 2.36a	-173.83±37.45b
W₂	1 067.33±38.89a	982.23±12.98b	85.10±26.91a
W₃	917.20±19.43b	868.89±7.23c	48.31±21.33a
W₄	859.42±37.64b	754.11±19.15d	105.31±29.47a

通过回归分析用一元二次方程对灌溉量与有效磷淋失量关系进行拟合，得到拟合方程 $y=-0.1x^2+13.577x-4\,574.312$，$R^2=0.525$，对方程求偏导可以得出速效钾淋失量最高为 228.097kg/hm²，速效钾淋失量最高时的灌溉量为 692mm（图 2-10）。

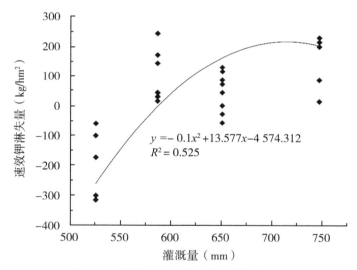

图 2-10　灌溉量与速效钾淋失量相关分析

2.2.5.3　灌溉量对土壤碱解氮含量的影响

由图 2-11 可知，不同灌溉量处理对不同土层深度碱解氮剖面含量的影响不同，W₁~W₄ 处理碱解氮分布呈 "S" 形，即随着土层深度的增加，碱解氮含量呈现先降低后增加再降低的趋势。W₁~W₄ 处理土壤碱解氮含量的最低值均出现在 20~30cm 土层内，在 30cm 土层深度以下碱解氮含量不断增加并出现峰值，其中 W₁、W₂、W₄ 处理碱解氮含量的峰值出现在土壤 30~50cm 土层，W₃ 处理峰值出现在 50~70cm 土层，各处理峰值出现后，土壤碱解氮含量随着土层深度的增加不断降低。

由表 2-20 可知，W₁ 处理土壤碱解氮的残留量最高且显著高于其他处理（$P<0.05$），而最低值则出现在 W₃ 处理，但 W₂、W₃、W₄ 处理间无显著差异（$P>0.05$）。在 0~100cm 土层内 W₁、W₂、W₃、W₄ 处理碱解氮的淋失量呈现随灌溉量增加

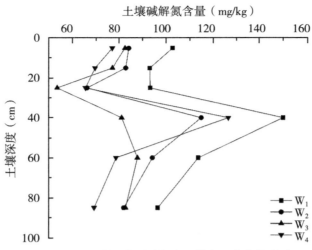

图 2-11　不同灌溉量对碱解氮土壤剖面分布的影响

而增加的趋势，其中 W_1、W_2 处理碱解氮的淋失量与灌溉量呈现负相关，即在 W_1 和 W_2 处理，秋季土壤碱解氮含量比春季土壤碱解氮含量分别增加了 138.43kg/hm² 和 90.75kg/hm²，W_3、W_4 处理碱解氮淋失量与灌溉量则表现为正相关，随着灌溉量的增加淋失量增加，秋季土壤碱解氮含量较春季土壤碱解氮含量减少 86.53kg/hm² 和 110.65kg/hm²，W_1~W_4 处理间淋失量最大发生在 W_4 处理，但 W_4 处理与 W_3 处理无显著差异（$P>0.05$），淋失量最小发生在 W_1 处理，W_1 与 W_2 处理间无显著差异（$P>0.05$）。

表 2-20　灌溉处理下土壤碱解氮残留量变化　　　　　　单位：kg/hm²

处理	处理前	处理后	差值
W_1	515.47±30.46b	648.90±14.10a	133.43±37.38b
W_2	433.14±12.14c	523.89±34.87b	90.75±39.57b
W_3	550.89±23.00ab	464.36±56.53b	86.53±56.16a
W_4	597.05±18.85a	486.40±24.76b	110.65±29.43a

通过回归分析用一元二次方程对灌溉量与碱解氮淋失量关系进行拟合，得到拟合方程 $y=-0.004x^2+6.252x-2357.876$，$R^2=0.414$，对方程求偏导可以得出碱解氮淋失量最高为 247.79kg/hm²，碱解氮淋失量最高时的灌溉量为 801mm（图 2-12）。

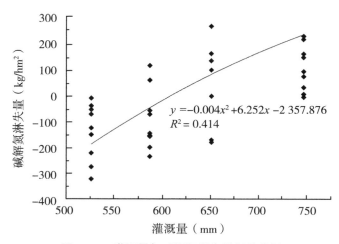

$$y = -0.004x^2 + 6.252x - 2\,357.876$$
$$R^2 = 0.414$$

图 2-12 灌溉量与碱解氮淋失量相关分析

2.3 讨论与结论

2.3.1 讨论

2.3.1.1 灌溉量对紫花苜蓿耗水量和水分利用效率的影响

耗水量是作物在适宜的生长环境中完成正常生长并达到一定产量需要消耗的水量，作物耗水量主要由植物蒸腾和土壤水分蒸发构成。有研究显示，植物蒸腾耗水量和土壤水分蒸发耗水量分别占耗水总量的 60%~70% 和 30%~40%。通过试验结果可以得出，灌溉量与紫花苜蓿耗水量具有显著的正相关关系，随着灌溉量的增加，紫花苜蓿耗水量增加且各个处理间差异具有显著性。这主要是因为紫花苜蓿种植密度较大，在生长初期地表裸露，随着生长发育进入分枝期后，较大的种植密度使地表裸露减少，土壤水分蒸发量降低。而作物的快速生长，使蒸腾耗水量逐渐增加，株高、生长速度、再生速度均随着灌溉量的增加而增加，表现在耗水量方面则为随着灌溉量的增加耗水量增加。同时分析发现所有处理中灌溉量占耗水总量的比例均超过 85%，证明科尔沁地区人工建植紫花苜蓿草地进行人工灌溉的重要性。同时紫花苜蓿耗水量与产量之间也存在一定线性关系，表现为随着耗水量的增加，紫花苜蓿产量呈现上升的趋势，但在 W₃ 处理产量最高，W₄ 处理耗水量最大而产量下降，可能是由于科尔沁沙地独特的土壤质地使 W₄ 处理发生水分渗漏，同时随着水分渗漏造成土壤养分的淋失，最终导致 W₄ 处理耗水量最大但产量降低。通过分析灌溉量与水分利用效率的关系得出，紫花苜蓿三茬内水分利用效率随灌溉量的增加呈现先升高后降低的趋势。与尹辉（2012）得出的结论一致，均表现为随着灌水量的增加，水分利用效率表现为先增加后减少的趋势，主要因为水分利用效率受紫花苜蓿耗水量与产量的影响，与地上生物量的变化具有一致性。同时紫花苜蓿水分利用效率受气候、茬次、灌溉量、灌溉方式等条件影响。从不同茬次水分利用效率来看，不同茬次水分利用效率也不同。第一茬生长时长最长，并且在返青后温度低造成生长缓慢，对地面的覆盖较低。加上第一茬内风速较大，棵间蒸发占总蒸发量的比例高，造成第一茬水分利用效率整体较低；第二茬内相对湿度升高，风速下降，温度适宜，紫花苜蓿生长快，棵间蒸发减少，使第二茬水分利用效率整体较高；第三茬正处于雨季，累计降水量达131.5mm，占三茬降水量的66.8%，降水频繁造成第三茬仅补水一次，单次降水量加大地表无效蒸发增加，使得水分利用效率降低。

2.3.1.2　灌溉量对紫花苜蓿产量的影响

在干旱或半干旱地区，合理灌溉是紫花苜蓿高产优质的前提保障。大量研究表明，水分供应量是紫花苜蓿产量的主要决定因素，同时也是影响紫花苜蓿水分利用效率的重要因素。本研究通过对不同灌溉量处理下紫花苜蓿产量测定得出，紫花苜蓿产量与灌溉量的关系呈抛物线形的结论，同时灌溉量较大的处理与灌溉量小的处理之间差异比较显著。这与肖玉等（2015）、孙洪仁等（2008）的研究结果一致。这是因为植物产量不但受水分影响，还受肥力等其他因素限制，当灌溉量适宜的条件下，水分不再是产量限制因子，此时产量的增加受到肥力等其他因素限制。因此，想要获得更高的紫花苜蓿产量，需要与其他因素进行耦合。在本研究中，第一茬、第二茬以及全年产量、地下生物量、总生物量均表现为随灌溉量的增加先升高后降低，且灌溉量为100%ETc下获得最高产量，这与李茂娜（2018）的研究结果一致。这主要是因为随着灌溉量减少，植株水分消耗降低，利用效率改变，使群体绿色覆盖度和叶片活性降低，进而使光合产物积累量减少，分配比例改变，株型和产量三要素随之改变，最终表现为产量降低。随着灌溉量的增加，植物细胞膨压升高，光合作用增强，植株同化物产量增加。当灌溉量超过一定阈值后，造成土壤含水量过多，土壤供氧不足，作物根系有氧呼吸受阻，无氧呼吸增强，植物生长受到抑制导致产量下降。第一茬、第二茬、第三茬及总产量均在W_3处理达到最大。第一茬、第三茬W_3处理产量显著高于其他处理，这主要是因为W_3处理土壤水分处于最适宜苜蓿生长的范围内，第二茬各处理间差异不显著主要是因为第二茬生长天数仅为38d，在第二茬内补水及降水频率高，使各处理土壤水分均处于适宜范围内，导致各处理之间差异不显著。从地下生物量来看，地下生物量在W_3处理达到最大，并且显著高于其他处理，主要是因为高水分或低水分均会改变根系大小、数量和分布，进而影响产量。W_1、W_2处理造成水分胁迫，光合作用受到抑制，光合产物运送到地下部分减少，同时由于水分胁迫，根系向下生长，由于取样深度为0~25cm，未进行全土层取样，造成W_1、W_2地下生物量低于W_3处理。同时，水分是土壤养分溶解和迁移的介质，养分只有溶解在水中才能在土壤中迁移、运转，进而被根系吸收，水分和肥料并不是单独作用于植物而是相互促进、相互制约的。当灌溉量超过阈值时，影响肥料作用。试验地位于科尔沁沙地，供试土壤为砂壤土，持水保肥能力较差。同时供试紫花苜蓿为二年生苜蓿，根据前人对紫花苜蓿根系的研究可知种植1年、10年、15年地下生物量50%以上集中在0~30cm土层，也有研究发现，生长2年的紫花苜蓿根系生物量在0~45cm的比例是100%，当灌溉量超过一定阈值后，造成根区养分淋溶严重，不能满足紫花苜蓿生长发育的需要，导致产量下降。

2.3.1.3　灌溉量对紫花苜蓿氮化学计量特征的影响

氮、磷是植物体内蛋白质和遗传物质的重要组成元素，对紫花苜蓿生长发育及代谢过程有着十分重要的作用，氮和磷既相互独立又相互影响。水分作为植物体组成的主要部分，同时也是植物体内一系列理化反应的基础，植物水分主要来自土壤，因此，水分供应对植物的影响也会导致氮和磷含量及其计量比的差异。试验期内第一茬紫花苜蓿氮含量随着灌溉量的增加而增加，主要是因为氮是限制紫花苜蓿生长和产量的主要因素，同时紫花苜蓿作为豆科牧草具有较强的固氮能力，在水分胁迫下生长受到抑制，从而抑制紫花苜蓿自身的固氮能力，随着水分供应量增加，生长状况改善，自身固氮能力恢复，表现为氮含量随灌溉量的增加逐渐增加。而在第二茬、第三茬处理间紫花苜蓿氮含量无显著差异，可能是因为紫花苜蓿通过第一茬生长，对水分胁迫处理产生应激性调控，从而提高自身固氮能力及水分亏缺处理下对土壤内氮素的摄取能力。紫花苜蓿磷含量的三茬平均值呈现随灌溉量增加的趋势，这主要是因为随着灌溉量的增加紫花苜蓿生长加快，光合作用逐渐增强，而光合作用过程中合成大量蛋白质及核苷酸从而导致植物体内磷含量上升。纵观生育期内紫花苜蓿氮磷比发现，氮磷比与灌溉量呈现负相关关系，这与李一春等（2020）的研究结果一致。根据氮受限假说，有学者研究得出当氮磷比大于 16 时植物受磷限制，当氮磷比小于 14 时植物受氮限制，在本试验内 W_3、W_4 处理氮磷比小于 14，此时紫花苜蓿生长受到氮限制，说明在本地区水分供应充足的条件下氮素为限制紫花苜蓿产量的元素。

2.3.1.4　灌溉量对紫花苜蓿品质的影响

紫花苜蓿作为优质饲草的重要原因之一是因为粗蛋白质含量相对其他牧草高，研究表明，苜蓿初花期至开花期的粗蛋白质含量一般在 17%～20%，高蛋白苜蓿品种开花初期的粗蛋白质含量高达 22% 以上，这主要是因为紫花苜蓿叶片中蛋白含量较高，因此叶片量占整个植株的比例是影响紫花苜蓿粗蛋白质含量的重要因素。本研究中第二茬、第三茬各个处理间粗蛋白质含量无显著差异，而第一茬则表现出随灌溉量增加粗蛋白质含量略微上升的趋势。这主要是因为第一茬生长时间长，水分处理下茎叶比差异显著，从而影响了各个处理间粗蛋白质含量，存在显著差异；第二茬生长时间为 36d，并且第二茬属于苜蓿生长的快速时期，水分处理对产量表现上无显著影响，反映在茎叶比上则无明显差异，从而导致第二茬各个处理间粗蛋白质含量在统计学上无显著差异；第三茬生长时间为 38d，由于此时为当地降水集中时期，第三茬内仅进行一次统一补水，使得各个处理间在粗蛋白质含量上无统计学差异，纵观三茬紫花苜蓿粗蛋白质含量变化，随着茬次的增加，紫花苜蓿粗蛋白质含量逐渐增加，这是因为随着茬次的增加，紫花苜蓿茎秆变细，茎叶比降低最终使得紫花苜蓿粗蛋白质含量随茬次增加而增加，同时紫花苜蓿粗蛋白质含量还呈现随灌溉量增加略微增加的趋势，这与肖玉等（2015）在甘肃研究得出的结论一致，而与文霞（2010）、霍海丽等（2014）的研究结果出现分歧，可能是由于地区、品种间差异等原因所致，还需进一步深入研究。同时研究还得出，灌溉量的增加在粗蛋白质分级上则无明显差异，若在生产中追求粗蛋白质含量达到一级标准，则 W_1～W_4 处理均可。

RFV 是确定紫花苜蓿品质的一个综合性评价指标。而 ADF 和 NDF 含量直接影响牧草 RFV 的大小，ADF 和 NDF 含量越低，RFV 就越大，牧草可消化干物质的采食量越高。本试验中 ADF 在各个处理间无显著差异，ADF 含量与灌溉量无明显线性关系；

NDF 则表现出随灌溉量增加小幅增加的现象，这是因为适当减水能降低紫花苜蓿纤维含量，但在第二茬、第三茬各个处理间无统计学差异，但从 NDF 分级上显示，随着灌溉量的增加 NDF 级别呈现下降的趋势，这是因为供水量和紫花苜蓿纤维含量呈负相关关系，这与韩德梁等（2008）的研究结果一致。RFV 则呈现随灌溉量增加逐渐增加的趋势，主要是因为 RFV 是通过 ADF 与 NDF 计算得来，试验内 $W_1 \sim W_4$ 处理 RFV 均在一级和特级标准内。

2.3.1.5 灌溉量对土壤速效养分运移的影响

土壤速效养分含量是反映土壤养分状况的重要指标，受温度、湿度、有机质本身的影响。土壤速效养分主要来自土壤有机质的矿化和施入土壤中肥料的速效成分。水肥是农业生产的物质保证，合理的水肥配合可显著提高作物产量，改善作物品质，在水肥配合条件下，土壤中的速效养分有何变化，肥料中的养分归宿如何，一直是学者们研究的热点。氮是植物生长发育过程中的必要元素，在农业生产中被广泛应用的同时也带来了相应的问题，氮有随水分向下迁移的趋势，对地下水和周围环境有着较大的潜在威胁，加剧了地下水体的污染和水体的富营养化，同时氮淋失也是农业污染中比较严重的一个方面。磷作为作物生长发育过程中必需的三大营养元素之一，对作物正常生长发育的重要性不言而喻，同时磷的大量淋失也是造成水体富营养化的原因。目前国内针对氮淋失的研究较多，钾淋失虽然对环境没造成显著影响，但是钾淋失降低了钾肥的利用效率。

针对干旱半干旱灌溉地区的养分淋失研究表明，造成养分淋失发生的主要因素包括：①土壤中大量养分残留；②过量灌溉；③容易渗漏的土壤质地条件。科尔沁沙地土壤孔隙大，保水保肥能力不足，为这一地区土壤养分淋失创造了天然条件。试验表明碱解氮、有效磷、速效钾均呈现随灌溉量增加淋失量增加的趋势，这其中碱解氮在 W_1、W_2 处理未发生淋失，速效钾在 W_1 处理中未发生淋失，这可能与 W_1、W_2 处理为正常需水量的 60%、80%，灌溉水分不足使土壤表层迅速蒸发，造成土壤下层水分向上运动，从而带动养分上移有关，特别是在实际生产时在刈割前几天停止补水，方便机械进场及之后的摊晒工作更加速了低水处理下水分上移的程度。同时由于土壤中碱解氮主要包括铵态氮及硝态氮，其中干湿交替过程中会加速土壤中的硝化过程，而土壤多为带负电荷的胶体，很难吸附硝态氮，使得其跟随土壤水分进行迁移。土壤中磷多以阴离子的形态存在，较为稳定。钾则以钾离子形态存在，由于钾的阳离子交换能力较弱，随着灌溉量的增加及土壤水分运动加剧，可以增加土壤速效钾从土壤胶体上的解离。从土壤中速效养分残留量来看，残留量主要受到灌溉量及植物对养分吸收的影响，土壤速效养分残留量与灌溉量表现为线性负相关，即随着灌溉量的增加，速效养分残留量呈现降低的趋势。同时值得注意的是，为了保证本地区紫花苜蓿顺利越冬，在入冬前会大量灌溉越冬水，而这时土壤中残留的大量氮、钾元素会发生淋失。因此在第三茬期间需要考虑满足紫花苜蓿正常生长的同时怎样才能有效降低土壤中的养分残留量，避免其随越冬水的大量灌溉而造成淋失。

2.3.2 结论

在科尔沁地区，水分处理对人工建植的紫花苜蓿生长发育有显著影响。灌溉量对紫花苜蓿产量有显著影响，产量随灌溉量的增加先升高后降低，灌溉量在 W_3 处理产量达到最大。灌溉量对第一茬紫花苜蓿氮含量有显著影响，氮磷比与灌溉量呈现负相关关系。随着灌溉量增加，品质级别有一定上升趋势。灌溉量对土壤速效养分淋溶量、残留量具有显著影响。碱解氮、速效钾在 $40 \sim 60cm$ 土层内有富集现象，碱解氮、有效磷、速效钾淋失量与灌溉量均表现出正相关关系，同时在第三茬刈割后土壤内碱解氮、速效钾大量残留，考虑到本地区紫花苜蓿越冬前需要大量灌溉越冬水，而大量灌溉必将导致这一部分养分流失，因此关于刈割后土壤内养分残留的问题还需进一步研究。综合考虑紫花苜蓿需水量、耗水量、产量、品质及养分淋失等因素，建议生育期内依照 100% ETc 的灌溉量进行灌溉。

3 施磷深度与施磷水平对紫花苜蓿生产性能和叶片碳、氮、磷化学计量特征的影响

生产中习惯把磷肥施在土壤表层或耕层，造成土壤磷养分表层富集而下层不足，施磷肥深度普遍较浅。同时，由于磷易被土壤固定和移动性差。使得土壤磷养分表层富集，而下层不足，造成土壤中磷养分空间分布不均。土壤磷空间分布不均会严重影响作物根系的生长及对磷的吸收。根系是植物吸收土壤矿质营养的主要器官，植物主要通过根系吸收游离态的正磷酸根离子而获得磷。Barber 和 Mackay（1986）进行的磷肥在土壤中的施用位置对玉米、大豆、春小麦等作物根系形态及根系对磷吸收的影响研究表明，磷对作物根系具有刺激作用，当磷肥施入部分土体中，生长在施磷土体的作物根系生长量明显多于在未施磷土体中的根系生长量，促使根系向下生长，接触到更多的土壤，提高根系活力，促使根系在生育后期仍保持较高的根系活力，能够更好地吸收根系周围土壤中的养分。

我国紫花苜蓿多种植在养分贫瘠的土壤上，导致产量不稳定、品质差，作为饲草的巨大生产潜力无法充分发挥。随着紫花苜蓿种植面积的增大和对品质要求的提高，苜蓿的栽培技术，尤其是科学施肥的研究越来越受到重视。磷肥是紫花苜蓿产量和品质形成的重要影响因素。同时，磷在土壤中具有移动性差和表层富集的特点，导致深层根系无法充分吸收。因此，如何提高磷肥利用效率、实现减肥增效、减缓或避免磷肥施入过多引起的土壤及生态环境污染是紫花苜蓿人工草地栽培管理相关研究的热点问题之一。本研究通过设置 4 个施磷深度（5cm、10cm、15cm、20cm）和 5 个施磷水平（0kg/hm²、80kg/hm²、160kg/hm²、240kg/hm²、320kg/hm²）的双因素随机试验设计，研究磷肥对紫花苜蓿生产性能及叶片碳、氮、磷化学计量特征的影响，以期为科尔沁沙地紫花苜蓿的磷肥管理提供理论依据与技术支持。

3.1 材料与方法

3.1.1 试验地概况

试验地点位于内蒙古通辽市内蒙古民族大学农牧业科技示范园区，属典型的温带大陆性季风气候，年平均气温 6.4℃，极端最低温度 -30.9℃，≥10℃ 的年均有效积温 3 184℃，无霜期 150d 左右，年均降水量 399.1mm，生长季降水量占全年的 89%。土壤为风沙土，土壤有机质含量 4.86g/kg、速效钾 94.65mg/kg、有效磷 4.46mg/kg、碱解氮 11.15mg/kg、pH 值 7.6。具有喷灌条件，干旱时灌水。

3.1.2 试验材料

供试紫花苜蓿品种为骑士 T；试验所用磷肥为重过磷酸钙（P_2O_5 44%），钾肥为氧化钾（K_2O 60%），氮肥为尿素（氮 46%）；试验用盆规格：直径 35cm，深度 30cm。

3.1.3 试验设计

设置盆栽试验，试验设 $0kg/hm^2$、$80kg/hm^2$、$160kg/hm^2$、$240kg/hm^2$、$320kg/hm^2$ 共 5 个施磷水平，分别用 P_0、P_{80}、P_{160}、P_{240}、P_{320} 表示；设 5cm、10cm、15cm、20cm 共 4 个施磷深度，分别用 D_5、D_{10}、D_{15}、D_{20} 表示。试验采用双因素随机设计，共 20 个处理，每个处理 5 次重复，总计 100 盆。磷肥一次性施入，于 2019 年 5 月 1 日进行试验处理。按照试验方案要求挖 100 个能够放入试验用盆所需体积的坑，并摆放好盆，使盆边缘与地面处在同一水平线上。将挖出的土壤按照随机排列顺序混合均匀，去除大块石子备用。肥料处理：向盆中装土，每盆装 5cm 土壤后进行一次压实，当土壤深度到达 20cm、15cm、10cm 后，按照试验设计要求撒入相应的磷肥，当深度到达 5cm 时，撒入相应的磷肥后，每盆均撒同一用量的氮、钾底肥，填土将盆装满，每盆重 30kg。2019 年 5 月 6 日播种，播种量为 $22.25kg/hm^2$，出苗后定株，每盆 30 株，苗期施一次氮肥，第一茬刈割后施氮肥和钾肥。氮肥总量为 $50kg/hm^2$，种肥 40%，苗期施 20%，第一茬刈割后 40%。钾肥总量为 $150kg/hm^2$，种肥 60%，第一茬刈割后 40%。

3.1.4 样品采集

初花期收获，共计收获两茬，2019 年 7 月 22 日收获第一茬，2019 年 8 月 27 日收获第二茬。刈割留茬高度 5cm，地上部刈割后全部带回实验室，并立即进行茎叶分离，分离后在 105℃下杀青 30min，在 75℃下烘干至恒重。第二茬刈割时，取出花盆内所有根系，用清水洗净，在 105℃下杀青 30min，在 75℃下烘干至恒重。

3.1.5 测定指标与方法

3.1.5.1 生产性能指标的测定与方法

株高：刈割收获时，在每个盆中选择长势均匀的植株（5 株），用卷尺测量植株的自然高度，计算其平均值。

第一茬生物量：第一茬茎秆和叶片烘干后质量相加，折算成每公顷的生物量。

第二茬生物量：第二茬茎秆和叶片烘干后质量相加，折算成每公顷的生物量。

地下生物量：根系洗净烘干至恒重的质量，折算成每公顷的生物量。

地上总生物量：第一茬生物量与第二茬生物量之和，折算成每公顷的生物量。

总生物量：地上总生物量与地下生物量之和，折算成每公顷的生物量。

根冠比：地下生物量/地上总生物量。

茎叶比：茎秆烘干至恒重的质量/叶片烘干至恒重的质量。

叶片贡献率=叶片烘干至恒重的质量/总生物量×100。

茎秆贡献率=茎秆烘干至恒重的质量/总生物量×100。

根系贡献率＝根系烘干至恒重的质量/总生物量×100。

茎秆和叶片烘干至恒重后，粉碎。

粗蛋白质（CP）含量：采用凯氏定氮法测定。

中性洗涤纤维（NDF）含量：范氏洗涤纤维法测定。

酸性洗涤纤维（ADF）含量：范氏洗涤纤维法测定。

牧草相对饲用价值 RFV＝（120/NDF）×［88.9-（0.779×ADF）］×0.775。

3.1.5.2 叶片碳、氮、磷化学计量特征指标的测定与方法

碳含量：采用重铬酸钾外加热法测定。

氮含量：采用 H_2SO_4-H_2O_2 消化-凯氏定氮法测定。

磷含量：采用 H_2SO_4-H_2O_2 消化-钼锑抗比色法测定。

碳氮比＝碳含量/氮含量。

碳磷比＝碳含量/磷含量。

氮磷比＝氮含量/磷含量。

3.1.6 数据处理

采用 DPS 和 Excel 2010 进行数据处理和分析。所有数据以平均值±标准误表示，$P<0.05$ 为差异显著，$P>0.05$ 为差异不显著，$P<0.01$ 为差异极显著。

3.2 结果与分析

3.2.1 施磷深度与施磷水平对紫花苜蓿株高和生物量的影响

3.2.1.1 施磷深度与施磷水平对紫花苜蓿株高和生物量的方差分析

由表 3-1 可知，施磷深度对第二茬株高无显著影响（$P>0.05$），对第二茬生物量影响显著（$P<0.05$），对第一茬株高、第一茬生物量、地上总生物量、地下生物量和总生物量影响极显著（$P<0.01$）。施磷水平对第一茬株高无显著影响（$P>0.05$），对地下生物量影响显著（$P<0.05$），对第二茬株高、第一茬生物量、第二茬生物量、地上总生物量和总生物量影响极显著（$P<0.01$）。施磷深度×施磷水平对第二茬株高影响显著（$P<0.05$），对第一茬株高、第一茬生物量、第二茬生物量、地上总生物、地下生物量和总生物量的影响极显著（$P<0.01$）。

表 3-1　施磷深度与施磷水平对紫花苜蓿株高和生物量的方差分析（P 值）

项目	第一茬株高	第二茬株高	第一茬生物量	第二茬生物量	地上总生物量	地下生物量	总生物量
施磷深度	0.003 4	0.200 7	0.000 8	0.016 1	0.000 1	0.000 1	0.000 1
施磷水平	0.249 8	0.000 8	0.000 1	0.000 6	0.000 1	0.038 4	0.000 1
施磷深度×施磷水平	0.000 1	0.018 8	0.000 1	0.000 1	0.000 1	0.000 1	0.000 1

3.2.1.2 施磷深度对紫花苜蓿株高的影响

由图 3-1 可知，第二茬株高高于第一茬，第一茬株高的大小顺序为：$D_{15} > D_5 > D_{10} > D_{20}$，其中 D_{20} 显著低于 D_5 和 D_{15} 处理（$P<0.05$）。各施磷深度处理对第二茬苜蓿株高无显著影响（$P>0.05$）。

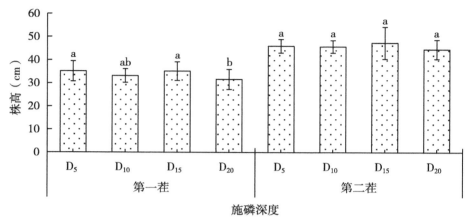

图 3-1 施磷深度对第一茬、第二茬紫花苜蓿株高的影响

注：不同小写字母表示各处理在 $P<0.05$ 水平下差异显著，下同。

3.2.1.3 施磷水平对紫花苜蓿株高的影响

由图 3-2 可知，在各施磷水平处理下，第一茬苜蓿株高的大小关系为：$P_{320} > P_0 > P_{160} > P_{240} > P_{80}$，在 P_{80} 处理下株高最低，显著低于 P_{320} 处理（$P<0.05$）。第二茬苜蓿株高的大小关系为：$P_{80} > P_0 > P_{160} > P_{320} > P_{240}$，在 P_{240} 处理株高最低，显著低于其他各处理（$P<0.05$）。

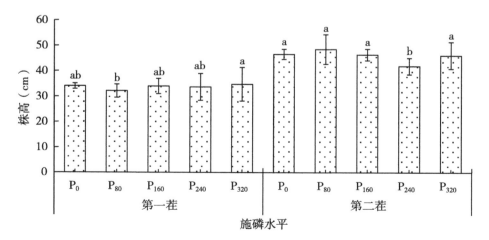

图 3-2 施磷水平对紫花苜蓿株高的影响

3.2.1.4 各处理组合对紫花苜蓿株高的影响

由表 3-2 可知，各施磷深度与施磷水平处理组合对第一茬株高影响显著。第一茬

株高在 D_5P_{240} 处理下达到最大值 40.89cm，与 D_5P_{320}、$D_{15}P_{320}$、$D_{20}P_{160}$ 处理差异不显著（$P>0.05$）。在 $D_{20}P_{320}$ 处理下第一茬株高出现最小值 26.00cm，较最大值降低了 14.89cm，与 D_5P_{160}、$D_{10}P_{240}$、$D_{20}P_{240}$ 处理差异不显著（$P>0.05$）。第二茬苜蓿株高在 $D_{15}P_{80}$ 处理下达到最大值 55.33cm，显著高于其他各处理（$P<0.05$）。在 $D_{15}P_{240}$ 处理下出现最小值 37.89cm，较最大值降低 17.44cm，与 $D_{10}P_{240}$、$D_{20}P_{240}$、$D_{20}P_{320}$ 处理差异不显著（$P>0.05$）。

表 3-2　各处理组合对紫花苜蓿株高的影响　　　　　单位：cm

施磷深度	施磷水平	第一茬	第二茬
D_5	P_0	34.11±1.26cde	46.67±2.33bc
	P_{80}	32.78±2.01cde	47.33±2.85bc
	P_{160}	30.78±1.50def	44.78±2.36bc
	P_{240}	40.89±3.42a	44.56±3.72bc
	P_{320}	37.22±4.35abc	46.78±4.19bc
D_{10}	P_0	34.11±1.26cde	46.67±2.33bc
	P_{80}	32.78±2.27cde	45.67±4.70bc
	P_{160}	34.22±2.5cde	45.33±1.00bc
	P_{240}	28.89±1.71ef	43.22±0.69bcd
	P_{320}	36.00±1.45abcd	48.11±1.71b
D_{15}	P_0	34.11±1.26cde	46.67±2.33bc
	P_{80}	32.11±0.51cde	55.33±3.71a
	P_{160}	35.00±3.71bcd	48.22±2.34b
	P_{240}	34.44±3.02cd	37.89±1.95d
	P_{320}	40.11±6.08ab	49.00±8.33b
D_{20}	P_0	34.11±1.26cde	46.67±2.33bc
	P_{80}	31.22±5.01de	46.11±7.13bc
	P_{160}	36.22±1.26abcd	47.56±2.01bc
	P_{240}	30.78±0.84def	42.11±1.71bcd
	P_{320}	26.00±3.51f	40.78±1.68cd

注：不同小写字母表示各处理在 $P<0.05$ 水平下差异显著，下同。

3.2.1.5　施磷深度对紫花苜蓿生物量的影响

由图 3-3 可知，在各施磷深度处理下第一茬紫花苜蓿生物量的大小关系为：$D_5>D_{15}>D_{20}>D_{10}$，其中 D_{10} 和 D_{20} 处理显著低于 D_5 和 D_{15}（$P<0.05$）。第二茬紫花苜蓿生物量则随着施磷深度的增加而逐渐降低，D_5 处理下生物量最高为 5 530.1kg/hm²，显著高于 D_{10}、D_{15}、D_{20} 处理（$P<0.05$）。地下生物量随着施磷深度的增加而逐渐降低，在 D_5 处理下生物量最高为 5 761.71kg/hm²，显著高于 D_{20} 处理（$P<0.05$）。

由图 3-4 可知，地上总生物量随着施磷深度的增加而逐渐降低，D_5 处理下地上总

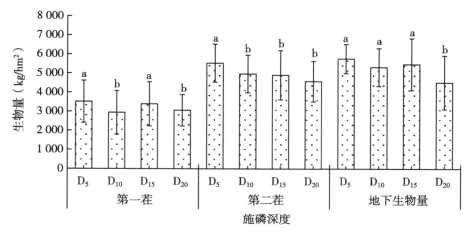

图3-3 施磷深度对第一茬、第二茬和地下生物量的影响

生物量最高为 9 045.24kg/hm², 显著高于 D₁₀、D₁₅、D₂₀处理（$P<0.05$）。D₂₀处理地上总生物量最小。总生物量在各施磷深度处理下的大小关系为：D₅>D₁₅>D₁₀>D₂₀, D₅处理总生物量最高为 14 806.95kg/hm², D₂₀处理总生物量最小为 12 162.1kg/hm², D₅处理显著高于 D₁₀、D₁₅、D₂₀处理（$P<0.05$）。

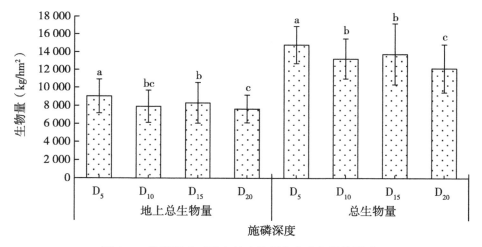

图3-4 施磷深度对地上总生物量和总生物量的影响

3.2.1.6 施磷水平对紫花苜蓿生物量的影响

由图3-5可知，随着施磷水平的增加第一茬苜蓿生物量大致呈逐渐上升的趋势，在 P₃₂₀处理下达到最大值，为 4 426.31kg/hm², 显著高于 P₁₆₀、P₂₄₀、P₈₀、P₀ 处理（$P<0.05$）。P₈₀、P₁₆₀、P₂₄₀、P₃₂₀各处理分别较 P₀ 处理增加 15.33%、59.61%、24.51%、88.77%。第二茬苜蓿生物量随着施磷水平的增加逐渐上升，在 P₃₂₀处理下达到最大值 5 536.79kg/hm², 显著高于 P₀ 和 P₈₀处理（$P<0.05$）。P₈₀、P₁₆₀、P₂₄₀、P₃₂₀各处理分别较 P₀ 处理增加-8.86%、8.33%、12.99%、17.40%。各施磷水平处理间地下

生物量的大小关系为：$P_{160} > P_{320} > P_0 > P_{240} > P_{80}$，在 P_{160} 处理地下生物量最高，为 5 517.98kg/hm²，显著高于 P_{80} 处理（$P<0.05$）。

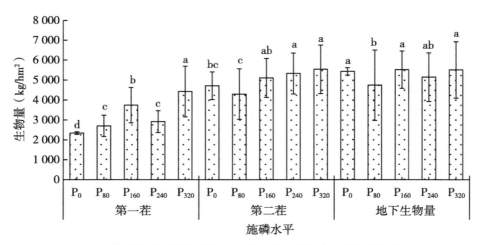

图 3-5　施磷水平对紫花苜蓿第一茬、第二茬和地下生物量的影响

由图 3-6 可知，地上总生物量随着施磷水平的增加而逐渐上升，在 P_{320} 处理地上总生物量最高，为 9 963.10kg/hm²，显著高于 P_{160}、P_{240}、P_0、P_{80} 处理（$P<0.05$），P_0 与 P_{80} 之间、P_{160} 与 P_{240} 之间无显著差异（$P>0.05$）。P_{80}、P_{160}、P_{240}、P_{320} 各处理较 P_0 处理分别增加-8.20%、25.36%、16.82%、41.10%。各施磷水平处理间总生物量的大小关系为：$P_{320}>P_{160}>P_{240}>P_0>P_{80}$。在 P_{320} 处理下总生物量最高为 15 470.60kg/hm²，显著高于其他各处理（$P<0.05$）。

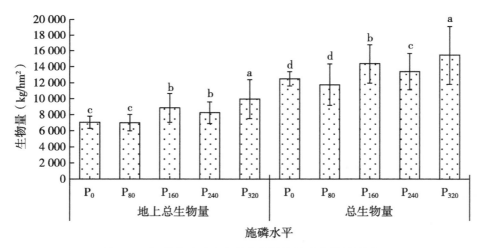

图 3-6　施磷水平对地上总生物量及总生物量的影响

3.2.1.7　各处理组合对紫花苜蓿生物量的影响

由表 3-3 可知，第一茬生物量在 $D_{15}P_{320}$ 处理下出现最大值，为 5 370.00kg/hm²，

与 $D_{10}P_{320}$ 和 D_5P_{320} 处理差异不显著（$P>0.05$）。在 D_5P_0、$D_{10}P_0$、$D_{15}P_0$、$D_{20}P_0$ 不施磷处理下出现最小值 2 344.76kg/hm²，较最大值降低了 3 025.24kg/hm²。第二茬生物量在 $D_{15}P_{320}$ 处理下达到最大值 6 598.10kg/hm²，与 D_5P_{240}、D_5P_{320}、$D_{10}P_{80}$、D_5P_{160}、$D_{10}P_{320}$、$D_{20}P_{160}$ 和 $D_{20}P_{240}$ 处理无显著差异（$P>0.05$）。在 $D_{15}P_{80}$ 处理下出现最小值 3 233.33kg/hm²，较最大值降低了 3 364.77kg/hm²。地上总生物量在 $D_{15}P_{320}$ 处理出现最大值 11 968.10kg/hm²，与 D_5P_{320} 和 $D_{10}P_{320}$ 处理无显著差异（$P>0.05$）。在 $D_{15}P_{80}$ 处理下出现最小值 6 007.14kg/hm²，较最大值降低了 5 960.96kg/hm²。$D_{15}P_{80}$ 处理与 $D_{10}P_{160}$、$D_{20}P_{320}$、$D_{20}P_{80}$ 处理无显著差异（$P>0.05$）。地下生物量在 $D_{15}P_{320}$ 处理达到最大值 7 091.43kg/hm²，与 $D_{10}P_{80}$、D_5P_{240}、$D_{20}P_{160}$ 处理无显著差异（$P>0.05$）。在 $D_{20}P_{80}$ 处理下出现最小值 2 889.52kg/hm²，较最大值降低了 4 201.91kg/hm²。总生物量在 $D_{15}P_{320}$ 处理下出现最大值 19 059.52kg/hm²，显著高于其他各处理（$P<0.05$）。在 $D_{20}P_{80}$ 处理出现最小值 9 516.19kg/hm²，较最大值降低了 9 543.33kg/hm²。$D_{20}P_{80}$ 处理与 $D_{15}P_{80}$、$D_{20}P_{30}$、$D_{10}P_{160}$ 处理无显著差异（$P>0.05$）。

表 3-3　各处理组合对紫花苜蓿生物量的影响　　　　　　　　单位：kg/hm²

施磷深度	施磷水平	第一茬	第二茬	地上总生物量	地下生物量	总生物量
	P_0	2 344.76±75.19e	4 716.19±809.85cde	7 060.95±885.00ef	5 432.38±215.74cde	12 493.33±1 041.18cd
	P_{80}	2 421.90±280.15e	4 594.76±787.27def	7 016.67±519.30ef	5 730.00±1 121.77bcde	12 746.67±1 640.90c
D_5	P_{160}	4 527.62±285.72b	5 713.81±643.56abc	10 241.43±783.80bc	5 270.48±967.22cdef	15 511.90±536.98b
	P_{240}	3 548.57±498.28c	6 520.48±734.08a	10 069.05±946.55bc	6 476.19±56.72abc	16 545.24±942.33b
	P_{320}	4 732.86±725.04ab	6 105.24±521.87ab	10 838.10±1 102.89ab	5 899.52±707.24bcd	16 737.62±513.81b
	P_0	2 344.76±75.19e	4 716.19±809.85cde	7 060.95±885.00ef	5 432.38±215.74cde	12 493.33±1 041.18cd
	P_{80}	2 314.29±556.93e	6 046.67±218.95ab	8 360.95±715.93de	6 779.05±832.17ab	15 140.00±426.43b
D_{10}	P_{160}	2 449.52±121.49e	3 660.48±317.82efg	6 110.00±340.93f	4 470.48±105.46efg	10 580.48±376.29def
	P_{240}	2 525.24±252.83e	4 713.33±355.03cde	7 238.57±519.16ef	4 690.48±740.02defg	11 929.05±1 256.42cde
	P_{320}	5 072.86±423.52ab	5 725.71±646.99abc	10 798.57±1 014.31ab	5 228.57±785.17cdef	16 027.14±1 271.89b
	P_0	2 344.76±75.19e	4 716.19±809.85cde	7 060.95±885.00ef	5 432.38±215.74cde	12 493.33±1 041.18cd
	P_{80}	2 773.81±433.81de	3 233.33±296.13g	6 007.14±218.59f	3 563.33±403.78gh	9 570.48±510.38f
D_{15}	P_{160}	3 584.29±225.84c	5 427.14±505.80bcd	9 011.43±731.59cd	5 966.19±562.62bcd	14 977.62±269.66b
	P_{240}	2 889.52±455.00cde	4 567.14±1 103.36def	7 456.67±795.01ef	5 307.62±1 409.66cdef	12 764.29±1 874.53c
	P_{320}	5 370.00±689.86a	6 598.10±491.37a	11 968.10±1 084.14a	7 091.43±702.90a	19 059.52±1 699.86a
	P_0	2 344.76±75.19e	4 716.19±809.85cde	7 060.95±885.00ef	5 432.38±215.74cde	12 493.33±1 041.18cd
	P_{80}	3 307.14±327.26cd	3 319.52±399.18g	6 626.67±577.83f	2 889.52±49.02h	9 516.19±557.82f
D_{20}	P_{160}	4 409.05±17.98b	5 634.29±420.42abcd	10 043.33±438.39bc	6 364.76±650.90abc	16 408.10±1 052.65b
	P_{240}	2 714.76±504.55de	5 514.29±507.64abcd	8 229.05±819.39de	4 105.71±996.92fgh	12 334.76±1 348.52cde
	P_{320}	2 529.52±445.02e	3 718.10±257.61efg	6 247.62±587.81f	3 810.48±978.21gh	10 058.10±1 534.98f

3.2.2 施磷深度与施磷水平对紫花苜蓿物质分配规律的影响

3.2.2.1 施磷深度与施磷水平对紫花苜蓿物质分配规律的方差分析

由表 3-4 可知，施磷深度对茎秆贡献率无显著影响（$P>0.05$），对根冠比、第二茬茎叶比、根系贡献率的影响显著（$P<0.05$），对第一茬茎叶比、叶片贡献率影响极显著（$P<0.01$）。施磷水平对根冠比、第一茬茎叶比、第二茬茎叶比、叶片贡献率、茎秆贡献率和根系贡献率影响极显著（$P<0.01$）。施磷深度×施磷水平对第一茬茎叶比无显著影响（$P>0.05$），对根冠比、第二茬茎叶比、叶片贡献率、茎秆贡献率、根系贡献率影响极显著（$P<0.01$）。

表 3-4　施磷深度与施磷水平对紫花苜蓿物质分配规律的方差分析（P 值）

项目	根冠比	第一茬茎叶比	第二茬茎叶比	叶片贡献率	茎秆贡献率	根系贡献率
施磷深度	0.026 8	0.001 6	0.041 3	0.000 1	0.949 9	0.021 4
施磷水平	0.000 1	0.000 4	0.000 1	0.000 1	0.000 1	0.000 1
施磷深度×施磷水平	0.000 7	0.053 2	0.000 6	0.001 5	0.000 1	0.000 4

3.2.2.2 施磷深度对根冠比、茎叶比的影响

由图 3-7 可知，随着施磷深度的增加根冠比呈先升高后降低的变化规律，D_{10} 处理根冠比最高，为 0.69，显著高于 D_{20} 处理（$P<0.05$）。D_5、D_{10}、D_{15} 3 个处理间无显著差异（$P>0.05$）。第一茬茎叶比随施磷深度的增加呈先升高后降低的趋势，在 D_{15} 处理下最高，为 0.72，显著高于 D_5、D_{20} 处理（$P<0.05$），与 D_{10} 处理无显著差异（$P>0.05$）。第二茬茎叶比随着施磷深度的增加而逐渐降低，D_5 处理茎叶比最高，为 0.66，显著高于 D_{20} 处理（$P<0.05$）。

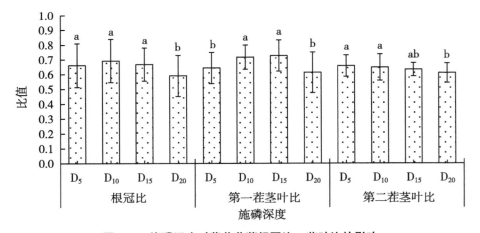

图 3-7　施磷深度对紫花苜蓿根冠比、茎叶比的影响

3.2.2.3 施磷水平对根冠比、茎叶比的影响

由图 3-8 可知，根冠比随着施磷水平的增加逐渐降低，P_0 处理根冠比最高，为

0.78，显著高于其他各处理（$P<0.05$），P_{320} 处理根冠比最低为 0.56，显著低于 P_0、P_{80} 处理（$P<0.05$）。在各施磷水平处理下第一茬茎叶比的大小关系为：$P_{240}>P_0>P_{160}>P_{80}>P_{320}$。$P_{240}$ 处理第一茬茎叶比最高，为 0.76，显著高于 P_{80}、P_{320} 处理（$P<0.05$）。在各施磷水平处理下第二茬茎叶比的大小关系为：$P_{320}>P_{160}>P_{240}>P_0>P_{80}$，$P_{320}$ 处理显著高于 P_0、P_{80}、P_{240} 处理（$P<0.05$）。

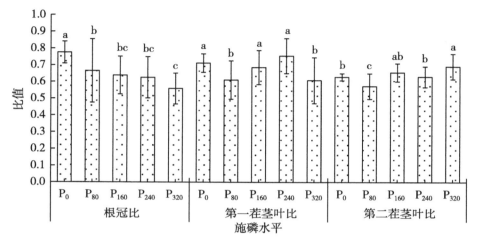

图 3-8　施磷水平对根冠比、茎叶比的影响

3.2.2.4　施磷深度对各器官贡献率的影响

由图 3-9 可知，在 D_{20} 处理下叶片贡献率最高，为 39.56%，显著高于其他各处理（$P<0.05$），D_5、D_{10}、D_{15} 处理间无显著差异（$P>0.05$）。各施磷深度处理下对茎秆贡献率无显著影响（$P>0.05$）。根系贡献率随着施磷深度的增加呈先升高后降低的变化规律，D_{10} 处理根系贡献率最高，为 40.48%，D_{20} 处理根系贡献率最低，为 36.68%，显著低于 D_5、D_{10}、D_{15} 处理（$P<0.05$）。

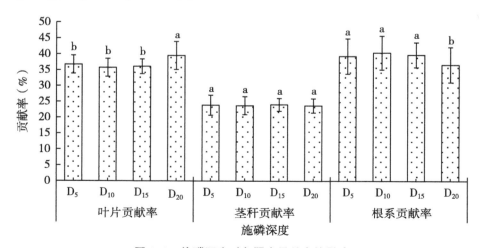

图 3-9　施磷深度对各器官贡献率的影响

3.2.2.5　施磷水平对各器官贡献率的影响

由图 3-10 可知，P_{80}、P_{160}、P_{240}、P_{320} 处理叶片贡献率显著高于 P_0 处理（$P<$ 0.05），分别较 P_0 处理增加 12.95%、8.08%、8.61%、14.51%。P_{80}、P_{160}、P_{240}、P_{320} 处理茎秆贡献率分别较 P_0 处理增加-0.25%、9.68%、11.19%、13.46%。P_0 处理显著低于 P_{160}、P_{240}、P_{320} 处理（$P<0.05$）。根系贡献率随着施磷水平的增加而逐渐降低，在 P_0 处理下根系贡献最高，为 43.61%，显著高于其他各处理（$P<0.05$）。

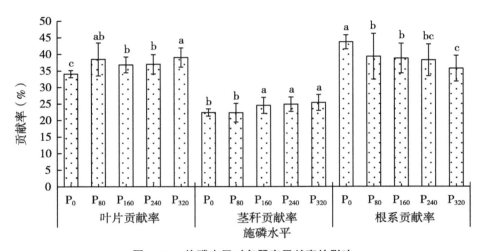

图 3-10　施磷水平对各器官贡献率的影响

3.2.2.6　各处理组合对紫花苜蓿物质分配规律的影响

由表 3-5 可知，在 $D_{10}P_{80}$、D_5P_{80} 处理下根冠比最高，分别为 0.82 和 0.81，在 $D_{20}P_{80}$ 处理下根冠比最低，为 0.44。第一茬茎叶比在 $D_{10}P_{240}$ 处理下最高为 0.81，显著高于 D_5P_{80}、D_5P_{320}、$D_{15}P_{80}$、$D_{20}P_{80}$、$D_{20}P_{160}$ 和 $D_{20}P_{320}$ 处理。在 $D_{20}P_{320}$ 处理下出现最小值，较最大值降低了 0.39。第二茬茎叶比在 $D_{10}P_{320}$ 处理下最高为 0.77，与 D_5P_{160}、D_5P_{240} 处理差异不显著（$P>0.05$），显著高于其他各处理（$P<0.05$）。在 $D_{20}P_{80}$ 处理下出现最小值 0.50，与 D_5P_{80}、$D_{15}P_{240}$ 处理差异不显著（$P>0.05$），显著低于其他各处理（$P<0.05$）。叶片贡献率在 $D_{20}P_{80}$ 处理下出现最大值为 45.95%，显著高于其他各处理（$P<0.05$）。在 $D_{10}P_{80}$ 处理下叶片贡献率出现最小值为 33.89%，显著低于 D_5P_{160}、D_5P_{320}、$D_{10}P_{320}$、$D_{15}P_{80}$、$D_{20}P_{80}$、$D_{20}P_{240}$ 和 $D_{20}P_{320}$ 处理（$P<0.05$）。茎秆贡献率在 $D_{10}P_{320}$ 处理下最高，为 28.06%，与 D_5P_{160}、D_5P_{320}、$D_{15}P_{320}$ 和 $D_{20}P_{240}$ 处理差异不显著（$P>0.05$）。在 D_5P_{80} 处理下茎秆贡献率最低，为 19.65%，与最大值差异显著（$P<0.05$），较最大值降低 8.41。根系贡献率在 $D_{10}P_{80}$ 处理下最高，为 44.75%。在 $D_{20}P_{80}$ 处理下最低，为 30.44%，显著低于最大值（$P<0.05$）。

表 3-5 各处理组合对紫花苜蓿物质分配规律的影响

施磷深度	施磷水平	根冠比	第一茬茎叶比	第二茬茎叶比	叶片贡献率（%）	茎秆贡献（%）	根系贡献率（%）
	P$_0$	0.78±0.08ab	0.71±0.06abcd	0.63±0.02cdef	34.04±1.25fg	22.35±1.29def	43.61±2.49ab
	P$_{80}$	0.81±0.10a	0.55±0.14def	0.54±0.01fg	35.68±1.05cdefg	19.65±2.24f	44.67±3.28a
D$_5$	P$_{160}$	0.52±0.14efg	0.69±0.06abcde	0.72±0.05ab	38.77±3.23bcde	27.31±2.39ab	33.92±5.62defg
	P$_{240}$	0.65±0.06abcdef	0.68±0.15abcde	0.71±0.02abc	35.84±2.43cdefg	24.94±0.34bcd	39.23±2.27abcde
	P$_{320}$	0.55±0.12defg	0.59±0.03cde	0.68±0.03bcd	39.47±2.58bcd	25.21±2.35abcd	35.32±4.93cdefg
	P$_0$	0.78±0.08ab	0.71±0.06abcd	0.63±0.02cdef	34.04±1.25fg	22.35±1.29def	43.61±2.49ab
	P$_{80}$	0.82±0.17a	0.73±0.07abc	0.60±0.09def	33.89±2.27g	21.37±3.37ef	44.75±5.02a
D$_{10}$	P$_{160}$	0.73±0.04abc	0.66±0.06abcde	0.64±0.03bcde	35.08±1.07efg	22.65±0.35cdef	42.28±1.40ab
	P$_{240}$	0.65±0.06abcdef	0.81±0.11a	0.60±0.03def	36.42±1.32bcdefg	24.41±1.07bcde	39.17±2.13abcde
	P$_{320}$	0.49±0.09fg	0.67±0.05abcde	0.77±0.13a	39.33±4.10bcd	28.06±1.32a	32.61±4.06fg
	P$_0$	0.78±0.08ab	0.71±0.06abcd	0.63±0.02cdef	34.04±1.25fg	22.35±1.29def	43.61±2.49ab
	P$_{80}$	0.59±0.07cdefg	0.63±0.10bcde	0.65±0.03bcde	38.29±0.90bcdef	24.54±1.75bcde	37.16±2.63bcdef
D$_{15}$	P$_{160}$	0.67±0.11abcde	0.77±0.19ab	0.66±0.03bcd	35.39±1.62defg	24.74±2.70bcd	39.86±4.17abcd
	P$_{240}$	0.71±0.17abcd	0.76±0.09ab	0.56±0.04efg	35.88±3.92cdefg	22.91±2.10cde	41.21±5.49abc
	P$_{320}$	0.59±0.03cdefg	0.76±0.05ab	0.65±0.02bcd	37.01±1.17bcdefg	25.79±0.19abc	37.20±1.35bcdef
	P$_0$	0.78±0.08ab	0.71±0.06abcd	0.63±0.02cdef	34.04±1.25fg	22.35±1.29def	43.61±2.49ab
	P$_{80}$	0.44±0.04g	0.53±0.03ef	0.50±0.06g	45.95±0.46a	23.61±1.61cde	30.44±2.06g
D$_{20}$	P$_{160}$	0.63±0.04bcdef	0.63±0.03bcde	0.60±0.02def	37.94±1.01bcdefg	23.33±0.67cde	38.73±1.67abcdef
	P$_{240}$	0.50±0.12efg	0.77±0.07ab	0.64±0.01bcde	39.76±2.79bc	27.14±2.62ab	33.10±5.39efg
	P$_{320}$	0.60±0.10bcdefg	0.42±0.07f	0.67±0.02bcd	40.12±3.48b	22.37±0.66def	37.51±4.14bcdef

3.2.3 施磷深度与施磷水平对紫花苜蓿营养品质的影响

3.2.3.1 施磷深度与施磷水平对紫花苜蓿营养品质影响的方差分析

由表 3-6 可知，施磷深度对第一茬叶片 ADF、NDF、CP 含量无显著影响（$P>0.05$），对 RFV 影响显著（$P<0.05$）。施磷深度对第二茬叶片 ADF 含量影响显著（$P<0.05$），对 NDF 含量影响极显著（$P<0.01$），对 CP 含量和 RFV 无显著影响（$P>0.05$）。施磷水平对叶片 NDF 含量无显著影响（$P>0.05$），对 RFV 影响显著（$P<0.05$）。施磷深度×施磷水平交互作用对第二茬叶片 ADF 含量影响极显著（$P<$

0.01），对第二茬 NDF 含量和 RFV 影响显著（$P<0.05$）。施磷深度对茎秆 ADF 含量无显著影响（$P>0.05$），对第一茬 NDF、CP 含量和 RFV 影响显著（$P<0.05$）。施磷水平对第一茬茎秆 ADF 含量和第二茬茎秆 NDF 含量影响显著（$P<0.05$），对 CP 含量无显著影响（$P>0.05$），对 RFV 影响达到极显著水平（$P<0.01$）。施磷深度×施磷水平交互作用对茎秆 ADF（第一茬）、NDF、CP 含量和 RFV 的影响均达到显著水平（$P<0.05$）。

表 3-6　施磷深度与施磷水平对紫花苜蓿营养品质影响的方差分析（P 值）

项目		ADF		NDF		CP		RFV	
		第一茬	第二茬	第一茬	第二茬	第一茬	第二茬	第一茬	第二茬
叶片	施磷深度	0.648 1	0.043 0	0.571 7	0.000 1	0.232 8	0.281 2	0.015 1	0.459 3
	施磷水平	0.570 9	0.077 0	0.374 8	0.225 2	0.074 9	0.001 1	0.037 3	0.021 5
	施磷深度×施磷水平	0.873 7	0.000 1	0.321 8	0.021 8	0.035 4	0.241 8	0.006 3	0.067 0
茎秆	施磷深度	0.084 6	0.813 6	0.011 2	0.568 1	0.022 9	0.719 7	0.010 7	0.597 2
	施磷水平	0.001 3	0.097 2	0.076 0	0.010 8	0.885 5	0.058 6	0.003 5	0.003 9
	施磷深度×施磷水平	0.000 1	0.051 3	0.010 2	0.028 2	0.016 9	0.000 1	0.000 1	0.027 1

3.2.3.2　施磷深度对紫花苜蓿营养品质的影响

由表 3-7 可知，第一茬紫花苜蓿叶片 ADF、NDF 含量在各施磷深度处理间无显著差异（$P>0.05$），在 D_5 处理下第二茬叶片 ADF 含量显著低于 D_{10}、D_{15} 和 D_{20} 处理（$P<0.05$）。第二茬叶片 NDF 含量随着施磷深度的增加逐渐降低，D_5、D_{10} 处理显著高于 D_{15}、D_{20} 处理（$P<0.05$）。第一茬叶片 RFV 随着施磷深度的增加逐渐降低，D_{20} 处理显著低于 D_5、D_{10} 和 D_{15} 处理（$P<0.05$）。第二茬茎秆 ADF、NDF、CP 含量和 RFV 在各施磷深度处理间无显著差异（$P>0.05$）。在 D_{20} 处理下第一茬茎秆 ADF 含量最高，显著高于 D_{10} 处理（$P<0.05$）。第一茬茎秆 NDF 含量随着施磷深度的增加逐渐增加，在 D_{20} 处理下含量最高，为 52.80%，显著高于 D_5、D_{10} 和 D_{15} 处理（$P<0.05$）。第一茬茎秆 CP 含量随着施磷深度的增加而逐渐降低，D_5 处理显著高于 D_{15} 和 D_{20} 处理（$P<0.05$）。第一茬茎秆 RFV 随着施磷深度的增加呈先升高后降低的变化规律，D_{10} 处理值最高，与 D_5 和 D_{15} 处理无显著差异（$P>0.05$），D_{20} 处理 RFV 最低，显著低于其他处理（$P<0.05$）。

表 3-7　施磷深度对紫花苜蓿营养品质的影响

器官	施磷深度	ADF（%）		NDF（%）		CP（%）		RFV	
		第一茬	第二茬	第一茬	第二茬	第一茬	第二茬	第一茬	第二茬
叶片	D_5	13.77±1.34a	13.36±1.04b	22.30±2.74a	23.05±3.09a	26.49±1.48a	32.03±0.80a	144.76±8.05a	152.11±5.85a
	D_{10}	14.31±1.60a	13.99±0.83a	23.70±3.87a	22.95±2.97a	25.29±1.43a	31.75±0.88a	143.82±6.53a	148.79±6.58a
	D_{15}	13.95±1.30a	13.94±0.74a	22.96±2.33a	19.68±1.30b	25.82±1.53a	31.68±1.89a	143.17±7.02a	150.74±8.54a
	D_{20}	13.69±1.07a	13.85±1.25a	23.20±2.21a	20.06±1.68b	26.14±2.72a	31.28±1.48a	138.15±7.05b	149.14±7.81a

（续表）

器官	施磷深度	ADF（%）		NDF（%）		CP（%）		RFV	
		第一茬	第二茬	第一茬	第二茬	第一茬	第二茬	第一茬	第二茬
茎秆	D_5	36.28±2.62ab	35.66±1.53a	50.37±2.75b	48.06±1.64a	11.13±1.63a	12.00±0.68a	112.38±8.55a	118.45±5.02a
	D_{10}	35.32±2.29b	35.66±2.34a	50.39±2.59b	48.85±1.98a	10.43±1.55ab	11.87±1.41a	113.71±8.60a	116.61±6.78a
	D_{15}	36.19±2.06ab	35.66±1.77a	50.81±2.50b	48.30±2.72a	9.95±1.73b	12.10±0.73a	111.52±8.63a	118.16±8.86a
	D_{20}	36.76±2.91a	36.13±1.61a	52.80±2.61a	48.83±2.36a	9.76±1.16b	11.84±0.88a	106.54±8.71b	116.04±6.92a

3.2.3.3　施磷水平对紫花苜蓿营养品质的影响

由表3-8可知，第一茬叶片 ADF 含量在各施磷水平处理间无显著差异（$P>0.05$），第二茬叶片 ADF 含量在 P_{240} 处理下含量最低，显著低于 P_0、P_{160}、P_{320} 处理（$P<0.05$）。叶片 NDF 含量在各施磷水平处理间无显著影响（$P>0.05$）。第一茬和第二茬苜蓿叶片 CP 含量均随着施磷水平的增加呈先升高后降低的变化规律，第一茬在 P_{160} 处理下叶片 CP 含量最高，显著高于 P_{320} 处理（$P<0.05$），第二茬叶片 CP 含量在 P_{80} 处理下最高，显著高于其他各处理（$P<0.05$），且其他施磷水平处理间无显著差异（$P>0.05$）。第一茬苜蓿叶片 P_{320} 处理 RFV 显著高于 P_0、P_{240} 处理（$P<0.05$）。第二茬苜蓿叶片 RFV 在 P_{80}、P_{160}、P_{240}、P_{320} 处理下均显著高于 P_0 处理（$P<0.05$），且 P_{80}、P_{160}、P_{240}、P_{320} 处理间无显著差异（$P>0.05$）。第一茬和第二茬苜蓿茎秆 ADF 含量随着施磷水平的增加而逐渐降低，第一茬苜蓿茎秆 ADF 含量在 P_0 处理下显著高于 P_{240}、P_{320} 处理（$P<0.05$），第二茬苜蓿茎秆 ADF 含量在 P_0 处理下显著高于 P_{160}、P_{240}、P_{320} 处理（$P<0.05$）。第一茬苜蓿茎秆 NDF 含量在 P_0 处理下最高，显著高于 P_{320} 处理（$P<0.05$）。第二茬苜蓿茎秆 NDF 含量在 P_0 处理下含量最高，显著高于 P_{80}、P_{160}、P_{240}、P_{320} 处理（$P<0.05$）。各施磷水平处理对第一茬苜蓿茎秆 CP 含量无显著影响（$P>0.05$）。第二茬苜蓿茎秆 CP 含量则随着施磷水平的增减呈先升高后降低的变化规律，在 P_{240} 处理下 CP 含量最高，显著高于 P_{320} 处理（$P<0.05$）。在 P_{80}、P_{160}、P_{240}、P_{320} 处理下，第一茬和第二茬苜蓿茎秆 RFV 均高于 P_0 处理（$P<0.05$），在 P_{320} 处理下第一茬苜蓿茎秆 RFV 最高，显著高于 P_{160}、P_{240}、P_0 处理（$P<0.05$），在 P_0 处理下第二茬苜蓿茎秆 RFV 显著低于 P_{240}、P_{160}、P_{80}、P_{320} 处理（$P<0.05$）。

表3-8　施磷水平对紫花苜蓿营养品质的影响

器官	施磷水平	ADF（%）		NDF（%）		CP（%）		RFV	
		第一茬	第二茬	第一茬	第二茬	第一茬	第二茬	第一茬	第二茬
叶片	P_0	13.64±0.21a	13.94±0.57a	22.06±1.93a	20.97±1.43a	25.79±1.15ab	31.66±1.30b	139.45±3.83b	144.55±2.00b
	P_{80}	13.53±2.17a	13.76±1.19ab	23.00±3.78a	21.00±2.83a	25.91±1.65ab	32.79±1.16a	143.16±9.07ab	152.22±8.60a
	P_{160}	14.26±1.43a	13.90±1.11a	24.32±2.96a	22.19±3.66a	26.94±2.22a	31.39±1.30b	141.92±7.63ab	150.67±6.01a
	P_{240}	14.31±1.14a	13.31±0.74b	22.71±2.61a	20.89±2.86a	26.09±1.76ab	30.85±1.45b	140.99±6.14b	150.73±8.14a
	P_{320}	13.91±0.90a	14.01±1.17a	23.09±2.55a	22.13±3.01a	24.95±2.13b	31.73±0.74b	146.86±8.45a	152.81±7.14a

（续表）

器官	施磷水平	ADF（%）		NDF（%）		CP（%）		RFV	
		第一茬	第二茬	第一茬	第二茬	第一茬	第二茬	第一茬	第二茬
茎秆	P_0	37.60±0.94a	36.95±0.40a	52.25±1.41a	50.23±0.42a	10.50±1.24a	11.94±0.09ab	106.18±2.10c	111.34±0.49b
	P_{80}	35.67±2.43bc	35.51±2.10ab	51.11±3.60ab	47.90±2.49b	10.07±2.19a	11.84±0.88ab	111.90±10.88ab	119.20±6.69a
	P_{160}	36.39±2.05ab	35.73±1.54b	51.11±2.59ab	48.26±1.82b	10.50±2.18a	12.24±1.12a	110.59±8.15bc	117.86±5.30a
	P_{240}	36.24±2.50b	35.49±1.69b	51.39±2.25ab	48.59±2.55b	10.35±1.04a	12.25±0.90a	110.15±8.12bc	117.61±7.65a
	P_{320}	34.81±3.36c	35.20±2.38b	49.61±3.10b	47.56±2.17b	10.18±1.07a	11.50±1.26b	116.38±10.22a	120.57±8.40a

3.2.3.4 各处理组合对紫花苜蓿叶片营养品质的影响

由表3-9可知，第一茬叶片ADF含量在$D_{10}P_{160}$处理下最高，为15.34%，在$D_{20}P_{80}$处理下最低，为12.53%。第二茬叶片ADF含量在$D_{20}P_{320}$处理下最高，为15.73%，除与$D_{10}P_{160}$处理无显著差异外，显著高于其他各处理（$P<0.05$）。第二茬叶片ADF含量在$D_{20}P_{80}$处理下最低，为12.29%，与D_5P_{160}、D_5P_{240}、D_5P_{320}、$D_{15}P_{240}$处理无显著差异（$P>0.05$）。第一茬叶片NDF含量在$D_{10}P_{80}$处理下最高，为26.57%，在D_5P_{80}处理下最低，为20.56%，显著低于最大值（$P<0.05$）。第二茬叶片NDF含量在$D_{10}P_{160}$处理下最高，为27.17%，与D_5P_{80}、D_5P_{240}、D_5P_{320}、$D_{10}P_{320}$处理无显著差异（$P>0.05$）。第二茬叶片$D_{20}P_{80}$处理NDF含量最低，为18.52%。第一茬叶片CP含量在$D_{20}P_{160}$处理下最高，为28.48%，显著高于$D_{10}P_{80}$、$D_{10}P_{320}$、$D_{15}P_{80}$、$D_{15}P_{160}$、$D_{20}P_{320}$处理（$P<0.05$），在$D_{20}P_{320}$处理下最低。第二茬叶片CP含量在$D_{15}P_{80}$处理下最高，为33.79%，在$D_{15}P_{240}$处理下最低，为29.39%，显著低于最大值（$P<0.05$）。第一茬叶片RFV在D_5P_{80}处理下最高，为153.20，在$D_{20}P_{80}$处理下最低，为133.14，显著低于最大值（$P<0.05$）。第二茬叶片RFV在$D_{10}P_{240}$处理下最高，为158.64，在$D_{20}P_{240}$处理下最低，为143.18。

表3-9 各处理组合对紫花苜蓿叶片营养品质的影响

施磷深度	施磷水平	ADF（%）		NDF（%）		CP（%）		RFV	
		第一茬	第二茬	第一茬	第二茬	第一茬	第二茬	第一茬	第二茬
D_5	P_0	13.64±0.24a	13.94±0.67bcde	22.06±2.27ab	21.57±0.80bcdefg	25.79±1.34abcd	31.66±1.52b	139.45±4.49cdef	144.55±2.35cde
	P_{80}	13.60±2.93a	14.56±0.34bc	20.56±3.73b	24.74±0.65abc	25.92±1.05abcd	32.46±0.47ab	153.20±4.53a	152.82±6.93abcde
	P_{160}	13.77±1.77a	12.56±1.11fg	25.00±3.48ab	24.64±1.46bcde	28.04±1.52ab	31.88±0.79ab	147.14±3.31abcd	152.36±6.55abcde
	P_{240}	13.79±0.51a	12.65±0.91fg	21.53±1.11ab	25.07±1.79abcd	25.70±1.92abcd	32.19±0.57ab	141.02±6.07bcdef	157.21±3.48ab
	P_{320}	14.06±0.47a	13.10±0.64efg	22.35±1.92ab	25.17±1.27abc	27.00±0.44abcd	31.96±0.68ab	143.01±13.47abcdef	153.59±1.46abcde
D_{10}	P_0	13.64±0.24a	13.94±0.67bcde	22.06±2.27ab	21.57±0.80bcdefg	25.79±1.34abcd	31.66±1.52b	139.45±4.49cdef	144.55±2.35cde
	P_{80}	14.12±2.84a	13.59±1.26def	26.57±5.30a	22.63±2.62bcdef	24.71±1.12cde	32.44±0.42ab	148.18±3.31abcd	145.76±2.27bcde
	P_{160}	15.34±1.15a	14.96±0.13ab	24.13±4.13ab	27.17±0.53a	26.06±0.20abcd	31.77±0.31b	137.16±9.35def	145.65±7.07bcde
	P_{240}	15.09±1.68a	13.76±0.75bcdef	24.61±4.78ab	19.80±0.61cdefg	25.65±2.69abcd	31.17±0.86bc	148.58±3.12abc	158.64±4.74a
	P_{320}	13.37±1.03a	13.68±0.54cdef	21.12±1.91ab	24.29±2.36bcd	24.24±0.60de	31.69±0.93b	145.74±2.73abcde	149.34±4.29abcde

（续表）

施磷深度	施磷水平	ADF (%)		NDF (%)		CP (%)		RFV	
		第一茬	第二茬	第一茬	第二茬	第一茬	第二茬	第一茬	第二茬
D_{15}	P_0	13.64±0.24a	13.94±0.67bcde	22.06±2.27ab	21.57±0.8bcdefg	25.79±1.34abcd	31.66±1.52b	139.45±4.49cdef	144.55±2.35cde
	P_{80}	13.87±2.61a	14.60±0.62bc	22.59±2.71ab	19.16±1.27efg	25.16±1.81bcde	33.79±1.43a	138.14±2.14cdef	154.48±6.81abcde
	P_{160}	13.34±0.56a	14.38±0.68bcd	22.40±1.69ab	19.62±0.40fg	25.17±1.28bcde	31.42±1.63b	148.21±1.54abcd	154.31±2.69abcde
	P_{240}	14.39±1.46a	13.23±0.70defg	22.31±1.74ab	18.84±0.13fg	26.89±2.06abcd	29.39±1.66c	139.19±3.94def	143.87±4.06de
	P_{320}	14.51±1.01a	13.53±0.28cdef	25.43±2.82ab	20.40±0.88defg	26.09±1.51abcd	32.16±0.56ab	150.88±9.62ab	156.49±14.71abc
D_{20}	P_0	13.64±0.24a	13.94±0.67bcde	22.06±2.27ab	21.57±0.80bcdefg	25.79±1.34abcd	31.66±1.52b	139.45±4.49cdef	144.55±2.35cde
	P_{80}	12.53±0.37a	12.29±0.56g	22.30±0.42ab	18.52±0.81g	27.88±0.69abc	32.49±1.71ab	133.14±6.28f	155.81±14.75abcd
	P_{160}	14.62±1.69a	13.71±0.59cdef	25.75±2.65ab	20.32±0.75defg	28.48±3.45a	30.50±2.06bc	135.17±4.07ef	150.36±6.02abcde
	P_{240}	13.97±0.68a	13.59±0.25cdef	22.41±1.53ab	20.83±1.70bcdefg	26.11±0.69abcd	30.63±1.24bc	135.18±1.82ef	143.18±0.60e
	P_{320}	13.69±1.04a	15.73±0.77a	23.47±2.31ab	20.53±0.92defg	22.46±1.95e	31.12±0.66bc	147.82±7.86abcd	151.82±1.70abcde

3.2.3.5　各处理组合对紫花苜蓿茎秆营养品质的影响

由表 3-10 可知，第一茬茎秆 ADF 含量在 D_5P_{320}、$D_{20}P_{160}$、$D_{20}P_{240}$ 处理下较高，分别为 38.87%、38.64%、38.03%，且 3 个处理间差异不显著（$P>0.05$）。第一茬茎秆 ADF 含量在 $D_{20}P_{320}$ 处理下最低，为 31.69%，与 D_5P_{80}、$D_{10}P_{80}$、$D_{10}P_{240}$、$D_{15}P_{320}$ 处理无显著差异（$P>0.05$）。第二茬茎秆 ADF 含量在 $D_{20}P_{80}$ 处理下最高，为 37.77%，显著高于 D_5P_{80}、$D_{20}P_{320}$ 处理（$P<0.05$），在 D_5P_{80} 处理下最低。第一茬茎秆 NDF 含量在 $D_{20}P_{80}$ 处理下最高，为 55.38%，在 D_5P_{80} 处理下最低，为 47.55%，与最大值差异显著（$P<0.05$）。第二茬茎秆 NDF 含量在 $D_{15}P_{240}$ 和 $D_{20}P_{240}$ 处理下最高，分别为 50.89% 和 50.79%。在 $D_{10}P_{240}$ 处理下最低，为 45.65%，显著低于最大值（$P<0.05$）。第一茬茎秆 CP 含量在 D_5P_{160} 处理下最高，为 12.72%，在 $D_{15}P_{80}$ 处理下最低，为 7.86%，显著低于最大值（$P<0.05$）。第二茬茎秆 CP 含量在 $D_{10}P_{160}$ 处理下最高，为 13.53%，在 $D_{10}P_{320}$ 处理下最低，与最大值差异显著（$P<0.05$）。第一茬茎秆 RFV 在 D_5P_{80}、$D_{10}P_{240}$、$D_{15}P_{320}$、$D_{20}P_{320}$ 处理下最高，分别为 123.99、122.53、122.09、121.33。第一茬茎秆 RFV 在 $D_{20}P_{240}$、$D_{20}P_{160}$、$D_{20}P_{80}$ 处理下最低，分别为 102.72、102.54、99.94。第二茬茎秆 RFV 在 $D_{10}P_{240}$ 最高，为 125.97。在 $D_{15}P_{240}$ 处理下第二茬茎秆 RFV 最低，为 110.46，与最大值差异显著（$P<0.05$）。

表 3-10　各处理组合对紫花苜蓿茎秆营养品质的影响

施磷深度	施磷水平	ADF (%)		NDF (%)		CP (%)		RFV	
		第一茬	第二茬	第一茬	第二茬	第一茬	第二茬	第一茬	第二茬
D_5	P_0	37.60±1.11abc	36.90±0.45abc	52.25±1.65abcde	50.36±0.37ab	10.50±1.45abc	11.94±0.10bcd	106.18±2.46cd	111.34±0.58cd
	P_{80}	32.76±0.50ef	34.55±0.59c	47.55±0.25g	46.48±0.86ab	10.86±0.85abc	12.46±0.75abcd	123.99±1.36a	123.11±2.92ab
	P_{160}	34.98±0.15bcde	37.51±0.35ab	49.43±0.53defg	48.01±1.36abc	12.72±3.16a	12.00±1.03bcd	116.04±1.29abc	115.30±3.02abcd
	P_{240}	37.21±0.98abcd	35.36±0.18abc	51.61±1.99abcdefg	46.76±0.73bc	10.82±0.71abc	11.63±0.61bcd	108.08±3.86bcd	122.03±2.19abc
	P_{320}	38.87±3.27a	34.83±0.63abc	51.01±4.94bcdefg	47.48±0.28abc	10.76±0.71abc	11.95±0.85bcd	107.63±12.09bcd	120.46±2.15abcd

（续表）

施磷深度	施磷水平	ADF（%）		NDF（%）		CP（%）		RFV	
		第一茬	第二茬	第一茬	第二茬	第一茬	第二茬	第一茬	第二茬
D10	P_0	37.60±1.11abc	36.90±0.45abc	52.25±1.65abcde	50.36±0.37ab	10.50±1.45abc	11.94±0.10bcd	106.18±2.46cd	111.34±0.58cd
	P_{80}	34.43±1.26def	35.20±1.12abc	48.94±2.45defg	49.70±0.26ab	12.13±2.44ab	12.29±0.83abcd	118.26±8.01ab	115.09±1.36abcd
	P_{160}	37.15±2.25abcd	35.26±0.42abc	52.37±4.02abcd	49.21±2.25abc	8.96±0.56cd	13.53±0.29a	107.08±11.48bcd	116.45±5.62abcd
	P_{240}	32.44±1.09ef	35.14±2.70abc	48.31±0.47defg	45.65±1.02c	10.51±0.31abc	11.99±0.90bcd	122.53±1.22a	125.97±7.04a
	P_{320}	35.00±1.06bcde	36.16±2.08ab	50.11±0.99bcdefg	48.76±1.22bc	10.05±0.67bcd	9.61±0.59e	114.48±3.77bcd	114.19±7.31bcd
D15	P_0	37.60±1.11abc	36.90±0.45abc	52.25±1.65bcde	50.36±0.37ab	10.50±1.45abc	11.94±0.1bcd	106.18±2.46cd	111.34±0.58cd
	P_{80}	37.63±0.27abc	36.58±0.6abc	52.59±1.07abcd	46.70±1.86bc	7.86±1.40d	11.50±0.35bcd	105.42±2.26cd	121.32±5.6abcd
	P_{160}	34.78±0.64cde	34.16±1.03abc	49.28±0.74cdefg	47.04±0.23bc	10.22±2.05bcd	12.22±1.01bcd	116.69±2.31ab	123.43±1.29ab
	P_{240}	37.27±0.26abc	37.01±0.63abc	51.94±0.83abcdef	50.89±1.48a	10.11±1.71bcd	12.55±1.23abc	107.25±1.96bcd	110.46±2.85d
	P_{320}	33.69±2.76ef	34.61±2.67abc	48.00±3.68efg	47.54±4.19bc	11.07±0.82abc	12.28±0.38abcd	122.09±12.94a	124.27±15.37ab
D20	P_0	37.60±1.11abc	36.90±0.45abc	52.25±1.65bcde	50.36±0.37ab	10.50±1.45abc	11.94±0.10bcd	106.18±2.46cd	111.34±0.58cd
	P_{80}	37.86±1.61ab	37.77±2.10a	55.38±2.69a	49.17±1.34abc	9.41±1.56cd	11.10±1.02d	99.94±4.78d	117.27±11.99abcd
	P_{160}	38.64±1.48a	36.08±0.41abc	53.36±0.76abc	47.59±0.81bc	10.10±0.62bcd	11.21±0.76cd	102.54±3.23d	116.26±7.02abcd
	P_{240}	38.03±1.67a	35.48±0.78abc	53.69±0.58ab	50.79±0.17a	9.96±1.33bcd	12.82±0.68ab	102.72±3.26d	111.96±1.01cd
	P_{320}	31.69±1.24f	34.10±0.88bc	49.32±2.59cdefg	46.90±0.57bc	8.82±0.50cd	12.13±0.56bcd	121.33±6.43a	123.34±0.80ab

3.2.4 施磷深度与施磷水平对紫花苜蓿叶片碳、氮、磷含量的影响

3.2.4.1 施磷深度与施磷水平对紫花苜蓿叶片碳、氮、磷含量影响的方差分析

由表 3-11 可知，施磷深度对第二茬碳含量影响显著（$P<0.05$），对氮含量无显著影响（$P>0.05$），对磷含量影响极显著（$P<0.01$）；施磷水平对第二茬碳、氮含量影响极显著（$P<0.01$），对第一茬和第二茬磷含量影响极显著（$P<0.01$）；施磷深度×施磷水平交互作用对第一茬碳、氮含量影响显著（$P<0.05$），对第一茬和第二茬磷含量影响极显著（$P<0.01$）。

表 3-11　施磷深度与施磷水平对紫花苜蓿叶片碳、氮、磷含量的方差分析表（P 值）

项目	碳		氮		磷	
	第一茬	第二茬	第一茬	第二茬	第一茬	第二茬
施磷深度	0.9515	0.0156	0.2328	0.2812	0.0001	0.0001
施磷水平	0.6449	0.001	0.0749	0.0012	0.0001	0.0001
施磷深度×施磷水平	0.0445	0.3894	0.0354	0.2418	0.0001	0.0001

3.2.4.2 施磷深度对紫花苜蓿叶片碳含量的影响

由图 3-11 可知，各施磷深度处理间第一茬叶片碳含量无显著差异（$P>0.05$）。第二茬叶片碳含量随着施磷深度的增加呈先升高后降低的变化规律，在 D_{15} 处理下第二茬叶片碳含量最高，为 46.98%，显著高于 D_5、D_{20} 处理（$P<0.05$）。

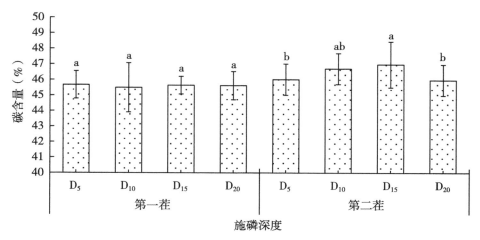

图 3-11　施磷深度对紫花苜蓿叶片碳含量的影响

3.2.4.3 施磷水平对紫花苜蓿叶片碳含量的影响

由图 3-12 可知，第一茬叶片碳含量随着施磷水平的增加大致呈先降低后升高的趋势，P_{320} 处理碳含量最高，为 45.87%，各施磷水平处理间无显著差异（$P>0.05$）。P_{80}、P_{160}、P_{240}、P_{320} 处理第二茬叶片碳含量均显著高于 P_0 处理（$P<0.05$），较 P_0 处理分别增加 2.56%、3.09%、1.80%、3.94%。

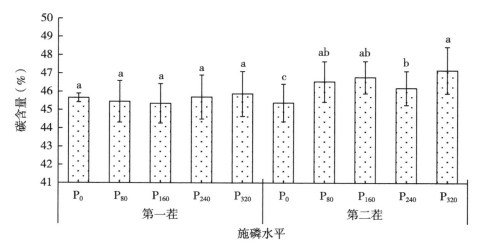

图 3-12　施磷水平对紫花苜蓿叶片碳含量的影响

3.2.4.4 施磷深度对紫花苜蓿叶片氮含量的影响

由图 3-13 可知，第一茬和第二茬叶片氮含量在各施磷深度处理间无显著差异

（$P>0.05$）。第二茬叶片氮含量要高于第一茬。

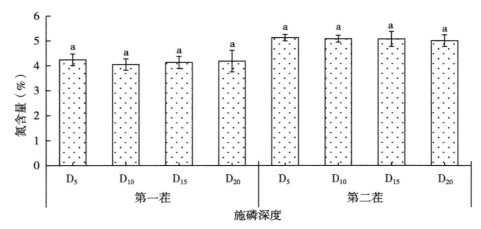

图 3-13　施磷深度对紫花苜蓿叶片氮含量的影响

3.2.4.5　施磷水平对紫花苜蓿叶片氮含量的影响

由图 3-14 可知，第一茬叶片氮含量随施磷水平的增加呈先升高后降低的变化规律，在 P_{160} 处理氮含量最高，为 4.31%，在 P_{320} 处理氮含量最低，为 3.99%，P_{160} 与 P_{320} 处理间差异显著（$P<0.05$）。第二茬叶片氮含量随着施磷水平的增加呈先升高后降低的变化规律，在 P_{80} 处理氮含量最高，为 5.24%，显著高于其他各处理（$P<0.05$），其他各处理间无显著差异（$P>0.05$）。

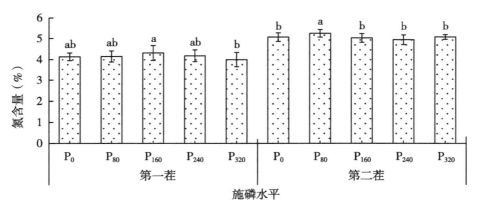

图 3-14　施磷水平对紫花苜蓿叶片氮含量的影响

3.2.4.6　施磷深度对紫花苜蓿叶片磷含量的影响

由图 3-15 可知，第一茬叶片磷含量随着施磷深度的增加呈先升高后降低的趋势，在 D_{10} 处理磷含量最高，为 0.34%，显著高于其他各处理（$P<0.05$）。第二茬叶片磷含量则随着施磷深度的增加而逐渐降低，在 D_5 处理下磷含量最高，为 0.35%，显著高于其他处理（$P<0.05$），D_{10}、D_{15}、D_{20} 处理间无显著差异（$P>0.05$）。

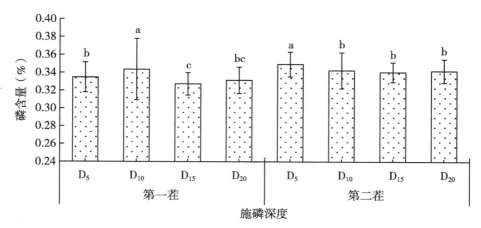

图 3-15　施磷深度对紫花苜蓿叶片磷含量的影响

3.2.4.7　施磷水平对紫花苜蓿叶片磷含量的影响

由图 3-16 可知，第一茬叶片磷含量随着施磷水平的增加逐渐上升，在 P_{320} 处理在磷含量最高，为 0.35%，显著高于其他各处理（$P<0.05$）。P_{80}、P_{160}、P_{240}、P_{320} 处理较 P_0 处理磷含量分别增加 5.06%、10.28%、9.86%、13.47%。第二茬叶片磷含量随着施磷水平的增加逐渐上升，在 P_{320} 处理下磷含量最高，为 0.36%，显著高于其他各处理（$P<0.05$），P_{80}、P_{160}、P_{240}、P_{320} 处理较 P_0 处理磷含量分别增加 2.87%、5.84%、7.58%、9.20%。

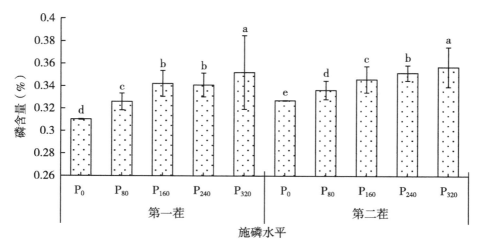

图 3-16　施磷水平对紫花苜蓿叶片磷含量的影响

3.2.4.8　各处理组合对紫花苜蓿叶片碳、氮、磷含量的影响

由表 3-12 可知，在 $D_{10}P_{320}$ 处理下第一茬叶片碳含量最高，为 46.82%，除与

D_5P_{160}、$D_{10}P_{80}$处理差异显著外（$P<0.05$），与其他各处理无显著差异（$P>0.05$），在$D_{10}P_{80}$处理下最低。第二茬叶片碳含量在$D_{15}P_{320}$处理下最高，为48.23%，在$D_{20}P_{80}$处理下最低，为45.35%，与最大值差异显著（$P<0.05$）。第一茬叶片氮含量在$D_{20}P_{160}$处理下出现最大值，为4.56%，在$D_{20}P_{320}$处理下最低，为3.59%，最大值与最小值间差异显著（$P<0.05$）。第二茬叶片氮含量在$D_{15}P_{80}$处理下最高，为5.41%，在$D_{15}P_{240}$处理下最低，为4.70%，显著低于最大值。第一茬和第二茬叶片磷含量均在$D_{10}P_{320}$处理下最高，分别为0.40%、0.38%。在不施磷处理（D_2P_0、$D_{10}P_0$、$D_{15}P_0$、$D_{20}P_0$）下叶片磷含量最低。

表3-12　各处理组合对紫花苜蓿叶片碳、氮、磷含量的影响　　　　单位:%

施磷深度	施磷水平	碳含量		氮含量		磷含量	
		第一茬	第二茬	第一茬	第二茬	第一茬	第二茬
D_5	P_0	45.66±0.28abc	45.38±1.21c	4.13±0.21abcd	5.07±0.24b	0.31±0.00f	0.33±0.00e
	P_{80}	45.81±0.73abc	46.29±0.73bc	4.15±0.17abcd	5.19±0.08ab	0.33±0.01de	0.35±0.01c
	P_{160}	44.85±0.15bc	46.51±1.37abc	4.49±0.24ab	5.10±0.13ab	0.35±0.00bc	0.35±0.00c
	P_{240}	46.74±1.08a	45.85±0.57c	4.11±0.31abcd	5.15±0.09ab	0.36±0.00b	0.35±0.01c
	P_{320}	45.30±0.81abc	46.03±1.29c	4.32±0.07abcd	5.11±0.11ab	0.33±0.00cd	0.37±0.00b
D_{10}	P_0	45.66±0.28abc	45.38±1.21c	4.13±0.21abcd	5.07±0.24b	0.31±0.00f	0.33±0.00e
	P_{80}	44.11±0.97c	46.58±0.12abc	3.95±0.18cde	5.19±0.07ab	0.33±0.00d	0.33±0.00de
	P_{160}	45.31±1.84abc	47.24±0.55abc	4.17±0.03abcd	5.08±0.05b	0.33±0.02cd	0.33±0.00e
	P_{240}	45.57±1.88abc	47.16±0.50abc	4.10±0.43abcd	4.99±0.14bc	0.34±0.01cd	0.35±0.00c
	P_{320}	46.82±1.98a	47.14±1.07abc	3.88±0.10de	5.07±0.15b	0.40±0.01a	0.38±0.00a
D_{15}	P_0	45.66±0.28abc	45.38±1.21c	4.13±0.21abcd	5.07±0.24b	0.31±0.00f	0.33±0.00e
	P_{80}	45.32±0.63abc	47.96±0.75ab	4.03±0.29bcde	5.41±0.23a	0.32±0.00ef	0.34±0.00d
	P_{160}	46.08±0.81ab	47.11±0.91abc	4.03±0.20bcde	5.03±0.26b	0.34±0.00cd	0.35±0.00c
	P_{240}	45.34±0.27abc	46.21±1.26bc	4.30±0.33abcd	4.70±0.27c	0.33±0.01cd	0.36±0.00c
	P_{320}	45.82±0.62abc	48.23±1.47a	4.17±0.24abcd	5.14±0.09ab	0.34±0.01cd	0.33±0.00de
D_{20}	P_0	45.66±0.28abc	45.38±1.21c	4.13±0.21abcd	5.07±0.24b	0.31±0.00f	0.33±0.00e
	P_{80}	46.57±0.65ab	45.35±0.67c	4.46±0.11abc	5.20±0.27ab	0.33±0.01de	0.33±0.00de
	P_{160}	45.17±1.04abc	46.28±0.54bc	4.56±0.55a	4.88±0.33bc	0.35±0.01b	0.36±0.00c
	P_{240}	45.16±0.94abc	45.57±0.62c	4.18±0.11abcd	4.90±0.20bc	0.34±0.00cd	0.35±0.01c
	P_{320}	45.56±1.14abc	47.28±0.55abc	3.59±0.31e	4.98±0.11bc	0.33±0.00cd	0.35±0.01c

3.2.5　施磷深度与施磷水平对紫花苜蓿叶片碳氮比、碳磷比、氮磷比的影响

3.2.5.1　施磷深度对紫花苜蓿叶片碳氮比、碳磷比、氮磷比影响的方差分析

由表3-13可知，施磷深度对第一茬碳氮比无显著影响（$P>0.05$），对第二茬碳氮比影响显著（$P<0.05$），对碳磷比无显著影响（$P>0.05$），对氮磷比影响显著（$P<0.05$）。施磷水平对第一茬碳氮比影响显著（$P<0.05$），对第二茬碳氮比影响极显著（$P<0.01$），对碳磷比比影响极显著（$P<0.01$），对第二茬氮磷比影响极显著（$P<0.01$）。施磷水平×施磷深度交互作用对碳氮比无显著影响（$P>0.05$），对第一茬碳磷比和第二茬氮磷比影响显著（$P<0.05$），对第二茬碳磷比和第一茬氮磷比无显著影响（$P>0.05$）。

表3-13　施磷深度与施磷水平对紫花苜蓿叶片碳氮比、碳磷比、氮磷比的方差分析（P值）

项目	碳氮比		碳磷比		氮磷比	
	第一茬	第二茬	第一茬	第二茬	第一茬	第二茬
施磷深度	0.406 4	0.001 4	0.136 1	0.165 8	0.044 8	0.035 1
施磷水平	0.045 6	0.000 4	0.000 1	0.000 1	0.386 8	0.000 1
施磷深度×施磷水平	0.213 5	0.371 8	0.049 4	0.118 7	0.203 7	0.030 5

3.2.5.2　施磷深度对紫花苜蓿叶片碳氮比的影响

由图3-17可知，第一茬叶片碳氮比要高于第二茬。各施磷深度处理第一茬叶片碳氮比之间无显著差异（$P>0.05$）。第二茬叶片碳氮比则随施磷深度的增加而增加，在D_{20}处理最高，为9.53，显著高于D_5、D_{10}处理（$P<0.05$）。

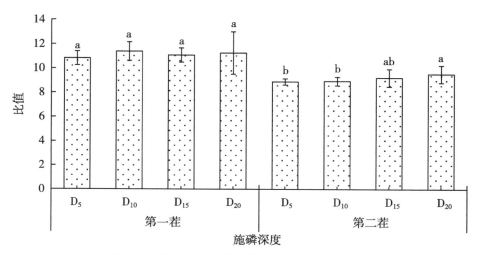

图3-17　施磷深度对紫花苜蓿叶片碳氮比的影响

3.2.5.3 施磷水平对紫花苜蓿叶片碳氮比的影响

由图 3-18 可知，随着施磷水平的增加，第一茬叶片碳氮比呈先降低后升高的趋势，在 P_{320} 处理下最高，为 11.9，显著高于 P_{80}、P_{160}、P_{240} 处理（$P<0.05$）。第二茬叶片碳氮比在 P_{80}、P_{160}、P_{240}、P_{320} 处理间无显著差异（$P>0.05$），但均显著高于 P_0 处理（$P<0.05$）。

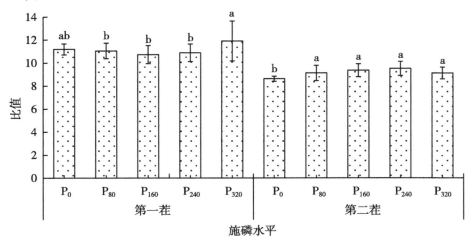

图 3-18　施磷水平对紫花苜蓿叶片碳氮比的影响

3.2.5.4 施磷深度对紫花苜蓿叶片碳磷比的影响

由图 3-19 可知，第一茬与第二茬叶片碳磷比在各施磷深度处理下均无显著差异（$P>0.05$）。

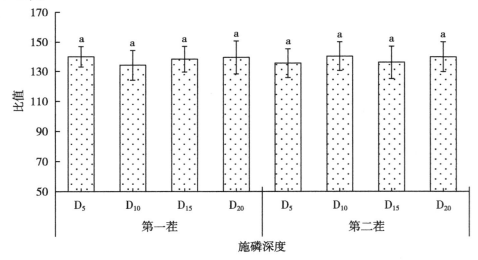

图 3-19　施磷深度对紫花苜蓿叶片碳磷比的影响

3.2.5.5 施磷水平对紫花苜蓿叶片碳磷比的影响

由图 3-20 可知，第一茬叶片碳磷比随着施磷水平的增加逐渐降低，在 P_0 处理下最高，为147.15，与其他各处理差异显著（$P<0.05$），在P_{240}处理最低，为133.06，与P_{320}处理无显著差异（$P>0.05$）。第二茬叶片碳磷比随着施磷水平的增加逐渐降低，P_0处理最高，为149.77，与其他各处理差异显著（$P<0.05$），在P_{320}处理下最低，为128.23，P_{80}、P_{160}、P_{240}处理间无显著差异（$P>0.05$）。

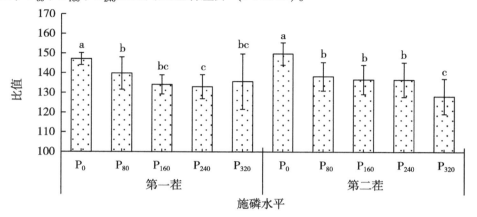

图 3-20　施磷水平对紫花苜蓿叶片碳磷比的影响

3.2.5.6　施磷深度对紫花苜蓿叶片氮磷比的影响

由图 3-21 可知，第一茬叶片氮磷比随着施磷深度的增加呈先降低后升高的变化规律，在D_5处理下最高，为13.01，在D_{10}处理最低，为11.98，D_5处理显著高于D_{10}处理（$P<0.05$）。第二茬叶片氮磷比随着施磷深度的增加而逐渐降低，在D_5处理第二茬叶片氮磷比最高，为14.9，显著高于D_{20}处理（$P<0.05$），D_5、D_{10}、D_{15}处理间无显著差异（$P>0.05$）。

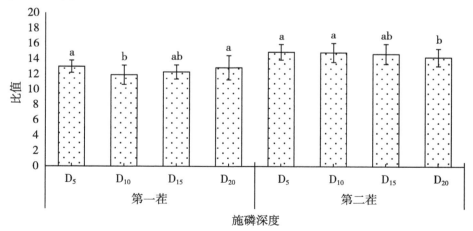

图 3-21　施磷深度对紫花苜蓿叶片氮磷比的影响

3.2.5.7　施磷水平对紫花苜蓿叶片氮磷比的影响

由图 3-22 可知，各施磷水平处理对第一茬叶片氮磷比无显著影响（$P>0.05$）。第二茬叶片氮磷比随着施磷水平的增加而逐渐降低，在P_0处理下最高，为16.09，显著高于其他各处理（$P<0.05$），在P_{320}处理氮磷比最低，为 13.47，显著低于其他各处理（$P<0.05$）。

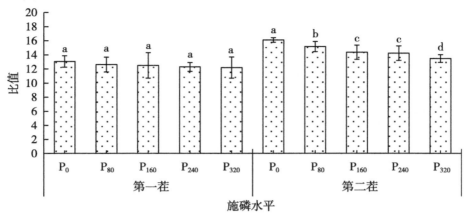

图 3-22　施磷水平对紫花苜蓿叶片氮磷比的影响

3.2.5.8　各处理组合对紫花苜蓿叶片碳氮比、碳磷比、氮磷比的影响

由表 3-14 可知，第一茬叶片碳氮比在$D_{20}P_{320}$处理下最高，为 13.48，与$D_{10}P_{320}$处理无显著差异（$P>0.05$），与其他各处理差异显著（$P<0.05$）。在$D_{20}P_{160}$处理下最低，为 10.21，显著低于$D_{20}P_{320}$处理（$P<0.05$）。第二茬叶片碳氮比在$D_{15}P_{240}$处理下最高，为 10.05，在不施磷处理（D_5P_0、$D_{10}P_0$、$D_{15}P_0$、$D_{20}P_0$）下最低，与最大值差异显著（$P<0.05$）。第一茬叶片碳磷比在$D_{20}P_{320}$处理下最高，为 147.61，在$D_{10}P_{320}$处理下最低，为 121.29，二者差异显著（$P<0.05$）。第二茬叶片碳磷比在不施磷处理（D_5P_0、$D_{10}P_0$、$D_{15}P_0$、$D_{20}P_0$）下最高，为 149.77，在$D_{10}P_{320}$处理下最低，为 125.90。第一茬叶片氮磷比在$D_{20}P_{160}$处理下最高，为 13.88，显著高于$D_{15}P_{160}$、$D_{10}P_{320}$处理（$P<0.05$），在$D_{10}P_{320}$处理最低。在不施磷处理（D_5P_0、$D_{10}P_0$、$D_{15}P_0$、$D_{20}P_0$）下第二茬叶片氮磷比最高，为 16.09，在$D_{10}P_{320}$处理下出现最小值，为 12.99，与最大值差异显著（$P<0.05$）。

表 3-14　各处理组合对紫花苜蓿叶片碳氮比、碳磷比、氮磷比的影响

施磷深度	施磷水平	碳氮比		碳磷比		氮磷比	
		第一茬	第二茬	第一茬	第二茬	第一茬	第二茬
D_5	P_0	11.18±0.56bc	8.63±0.26f	147.15±3.58ab	149.77±6.67a	13.06±0.96ab	16.09±0.39a
	P_{80}	10.96±0.51bc	8.73±0.15f	144.90±9.78abc	134.95±4.78bcd	13.50±1.48ab	15.25±0.90abc
	P_{160}	10.65±0.66bc	9.06±0.11bcdef	134.53±5.83abcde	126.36±2.73d	12.60±0.31abc	14.34±0.25cd
	P_{240}	10.72±0.98bc	9.09±0.04bcdef	136.05±1.44abcd	138.21±5.34abcd	12.98±0.66ab	15.21±0.54abc
	P_{320}	10.63±0.19bc	8.97±0.30cdef	137.11±3.24abcd	128.38±7.16cd	12.90±0.35ab	13.59±0.58de
D_{10}	P_0	11.18±0.56bc	8.63±0.26f	147.15±3.58ab	149.77±6.67a	13.06±0.96ab	16.09±0.39a
	P_{80}	11.48±0.61bc	9.02±0.44bcdef	132.24±3.99cde	142.76±4.77ab	11.91±0.55abc	15.34±0.40abc
	P_{160}	10.87±0.36bc	8.97±0.32cdef	138.93±2.99abcd	143.86±1.95ab	12.07±0.85abc	15.27±1.00abc
	P_{240}	11.17±1.01bc	9.21±0.50abcdef	131.33±0.40cde	138.91±7.77abcd	12.10±0.67abc	14.51±1.03bcd
	P_{320}	12.30±0.72ab	8.87±0.08def	121.29±11.11e	125.90±8.55d	10.46±1.91c	12.99±0.14e

（续表）

施磷深度	施磷水平	碳氮比		碳磷比		氮磷比	
		第一茬	第二茬	第一茬	第二茬	第一茬	第二茬
	P_0	11.18±0.56bc	8.63±0.26f	147.15±3.58ab	149.77±6.67a	13.06±0.96ab	16.09±0.39a
	P_{80}	11.30±0.88bc	9.11±1.03bcdef	144.59±3.74abc	132.30±9.37bcd	11.87±0.39abc	15.67±0.27ab
D_{15}	P_{160}	11.18±0.31bc	9.51±0.29abcdef	132.93±3.62bcde	141.10±2.09abc	11.41±0.29bc	14.41±1.14cd
	P_{240}	10.58±0.81bc	10.05±0.69a	129.94±12.37de	126.55±3.13d	11.80±0.23abc	13.25±1.01de
	P_{320}	11.19±0.29bc	8.81±0.21ef	136.77±4.30abcd	130.70±13.39bcd	13.40±0.46abc	13.86±0.69de
	P_0	11.18±0.56bc	8.63±0.26f	147.15±3.58ab	149.77±6.67a	13.06±0.96ab	16.09±0.39a
	P_{80}	10.45±0.39bc	9.62±0.73abcde	137.63±8.99abcd	143.07±4.57ab	13.17±0.43ab	14.34±0.55cd
D_{20}	P_{160}	10.21±1.40c	9.88±0.85ab	130.18±3.52de	135.70±4.55bcd	13.88±3.46a	13.38±0.76de
	P_{240}	11.03±0.47bc	9.71±0.65abcd	134.94±3.61abcde	142.92±10.21ab	12.24±0.21abc	13.90±0.47de
	P_{320}	13.48±2.96a	9.82±0.50abc	147.61±20.18a	127.95±10.90cd	12.01±0.91abc	13.41±0.43de

3.3 讨论与结论

3.3.1 讨论

3.3.1.1 施磷深度与施磷水平对紫花苜蓿株高和生物量的影响

施肥对植物的生长发育具有明显的促进作用，曾庆飞等（2005）研究表明施用磷肥对紫花苜蓿株高无明显的作用效果，这与本研究结果有所不同。在本研究中，施磷深度对第一茬株高影响显著，随着施磷深度的增加而降低，对第二茬株高无显著影响，施磷水平对第一茬株高无显著影响，对第二茬影响显著。分析主要原因可能是紫花苜蓿生长初期，根系发育不完全，深施磷肥不利于紫花苜蓿对磷素的需求，对株高产生了一定的抑制作用，并且第一茬紫花苜蓿生长期外界温度较低，磷主要用来紫花苜蓿根茎部抗性物质的积累，用以抵御外界低温。在第二茬紫花苜蓿生长期，根系发育较为完全，生长所需的水热条件良好，因此体现出施磷对株高的影响。本研究还发现，交互作用对第一茬和第二茬株高的影响均达到显著水平。

生物量是衡量紫花苜蓿生产性能的重要指标，在一定范围内施用磷肥具有增产作用，即植物体生物量的形成对磷的吸收存在阈值，施磷过高或过低会影响作物干物质积累量和产量形成。本研究中，施磷深度、施磷水平及其交互作用对紫花苜蓿生物的影响均达到显著或极显著水平。任爱天等（2014）研究表明，施磷显著提高地上生物量、地下生物量，对株高无显著影响。本研究发现随着施磷深度的增加，紫花苜蓿各生物量逐渐降低，随着施磷水平的增加，紫花苜蓿各生物量（除地下生物量）均逐渐上升。在 $D_{15}P_{320}$ 处理组合下紫花苜蓿第一茬生物量、第二茬生物量、地上总生物量、地下生物量、总生物量均达到最大值。同时在 $D_{15}P_{320}$ 处理组合下紫花苜蓿株高也处于最高水平。株高直接影响紫花苜蓿的干草总量。姜慧新等（2009）研究分析认为施磷主要通过增加紫花苜蓿根颈部的分枝数来提高干物质产量，这与本研究结果不一致。

3.3.1.2　施磷深度与施磷水平对紫花苜蓿物质积累与分配的影响

　　植物通过光合作用来合成同化物，同化物的积累与分配对植物的生长发育和产量形成具有重要影响。植物体"源"向"库"供应同化物，而"库"对"源"具有反馈调节作用。"源"合成转运同化物的能力对"库"的建成及其潜力的发挥具有重要的作用。植物体"源""库"在动态变化中相互促进、相互协调，是植物取得高产的基础。光合产物的累积特征及其有效分配是决定资源利用效率和经济效益的关键因素。干物质作为作物光合同化物的最终形态，其积累分配与产量密切相关，合理的肥料管理有助于优化干物质的积累分配。

　　干物质分配过程影响着植物的生长速度、生长模式、获取资源能力以及形态建成等。对紫花苜蓿而言，叶片是营养器官和光合器官，而茎秆是输导和机械组织，根为吸收、转化和贮存养分的主要器官。在本研究中，随着施磷深度的增加，叶片贡献率增加、根系贡献率降低。紫花苜蓿各生物量随着施磷深度的增加均有一定的降低趋势，可能是由于施肥较深，根系吸收磷受限，为适应低磷环境所致。施磷水平对各器官贡献率影响显著，随着施磷水平的增加，叶片、茎秆贡献率逐渐上升，根系贡献率逐渐降低，根冠比逐渐降低，说明施磷促进了紫花苜蓿叶片和茎秆的物质积累，不利于地下生物量的积累。同时施磷水平显著促进了各生物量的积累。上述分析说明施磷水平能够提高地下生物量，虽然根系贡献率随着施磷水平的增加而降低，说明施磷对紫花苜蓿地上部物质积累的作用要高于地下。

3.3.1.3　施磷深度与施磷水平对紫花苜蓿营养品质的影响

　　紫花苜蓿叶片中蛋白质和矿物质含量均高于茎秆，但叶片中 ADF、NDF、半纤维素和木质素含量则低于茎秆。本研究中茎秆 ADF、NDF、CP 含量的变化范围分别为 31.69%~38.87%、45.87%~55.38%、7.86%~13.53%。叶片 ADF、NDF、CP 含量的变化范围分别为 12.29%~15.73%、18.42%~26.57%、22.46%~33.79%。通过茎叶 ADF、NDF、CP 含量比较发现，紫花苜蓿叶片与茎秆的营养成分有明显差异，叶片中的粗蛋白质含量是茎秆的 2~3 倍，而茎秆中 NDF 和 ADF 含量是叶片的 2~3 倍，这与苗晓茸（2019）的研究结果一致。即叶片的营养价值高于茎秆。RFV 是 NDF 和 ADF 的综合反映，可用来预测牧草的采食量和能量价值，其值越高，说明其营养价值越高。通过计算紫花苜蓿叶片和茎秆的 RFV 发现，叶片的 RFV 明显高于茎秆，进一步证实了叶片的营养品质高于茎秆。导致茎叶营养品质差距较大的原因主要是茎叶功能不同，叶片是植物光合作用制造养分的主要场所，茎秆主要功能是支撑植物体和运输水分和养分。本研究中发现，紫花苜蓿茎秆和叶片 ADF、NDF 含量和 RFV 对施磷深度、施磷水平及其交互作用的响应不同。施磷深度、施磷水平及其交互作用对第一茬叶片 ADF、NDF 含量均无显著影响，而对 RFV 具有显著或极显著影响；施磷深度与交互作用对第二茬叶片 ADF、NDF 含量具有显著或极显著影响，对 RFV 则无显著影响，施磷水平的影响与施磷深度及交互作用相反。茎秆则与叶片相反，即施磷深度、施磷水平及其交互作用对 ADF、NDF 的影响达到显著水平，则对 RFV 的影响就会达到显著水平。

　　紫花苜蓿中的 CP、NDF、ADF 含量是评定其营养品质的重要指标。施磷能促进牧草生长，提高蛋白质含量和改善牧草饲用价值。在一定范围内，增施磷肥，降低了紫花苜蓿粗纤维含量。过量的施磷可能会抑制紫花苜蓿对氮的吸收和利用，从而增加紫花苜蓿中的纤维含量，降低粗蛋白质含量。本研究发现施磷对叶片 CP 含量的影响大于茎秆，适当地施磷有利于叶片粗蛋白质的积累，过量施磷则会抑制氮的吸收利用。本研究中施磷水平对第一茬茎秆 CP 含量无显著影响，第一茬叶片、第二茬茎秆、第二茬叶片 CP 含量均随施磷水平的增加呈先升高后降低的变化规律，即适宜的施磷水平能够提高紫花苜蓿品质。随着施磷深度的增加第一茬茎秆 CP 含量显著降低，这可能与紫花苜蓿苗期根系发育不完全有关。NDF 和 ADF 是评价紫花苜蓿被采食潜力和消化率的国际通用指标。NDF 含量越低，饲草品质越好，ADF 含量与消化率负相关，ADF 含量增加家畜的消化率降低。于铁峰等（2018）研究表明，施磷可以降低紫花苜蓿 ADF、NDF 含量，提高 RFV。本研究分别测定了紫花苜蓿茎秆和叶片中 ADF、NDF 含量，结果发现，施磷对茎秆的纤维含量影响显著，对叶片纤维含量无显著影响，各施磷水平处理下茎秆 ADF、NDF 含量均低于不施磷处理，RFV 则均高于不施磷处理。这一结果说明施磷通过降低茎秆 ADF 和 NDF 含量来提高 RFV。随着施磷深度的增加第一茬茎秆 NDF 含量逐渐上升，方差分析结果表明，施磷深度对第一茬茎秆 CP 含量、RFV 影响显著，在 D_{20} 处理下最低，说明施磷深度的增加，抑制了第一茬茎秆氮的吸收和利用，增加了 NDF 含量，降低了 RFV。

3.3.1.4 施磷深度与施磷水平对紫花苜蓿叶片碳、氮、磷含量的影响

碳、氮、磷是植物生长的必需元素，对植物的生长发育及行为起到非常重要的作用。碳元素是生命的骨架元素，是植物各种生理生化过程的底物和能量来源，是构成植物体干物质的主要元素。氮、磷是植物体各种蛋白质和遗传物质的重要组成元素，也是植物的基本营养元素和生长限制元素。植物结构性元素碳和功能限制性元素氮、磷之间相互作用，共同参与植物体的基本生理生化过程，调节着植物的生长，对植物各种功能产生深刻的影响。

磷在植物的碳、氮代谢中发挥着极其重要的作用，它参与叶绿体能量转化和代谢、光合同化力形成和卡尔文循环，能加强光合作用和碳水化合物的合成与运转，可促进叶片光合产物的运输。磷与植物光合代谢之间关系密切，磷的供应量与循环速度制约着植物叶片在光合过程中光合产物（蔗糖、淀粉、氨基酸）的合成速度。叶片是紫花苜蓿进行光合作用合成光合产物的重要器官，磷肥的施用可促进紫花苜蓿叶片光合作用，有利于光合产物的积累。从植物碳代谢角度来讲，磷肥用量存在一定范围。适宜的磷含量对于光合作用来说是极其重要的，磷含量过高或过低均不利于光合作用的正常进行。在本研究中第二茬紫花苜蓿叶片碳含量随着施磷深度的增加呈先升高后降低的变化规律，各施磷水平处理叶片碳含量均高于不施磷处理。

磷能促进植物对氮的吸收和转化。磷是植物氮代谢过程中氮吸收同化关键酶——硝酸还原酶（NR）等的组成成分之一。许多研究表明，施磷能够改善紫花苜蓿的生产性状、营养品质，同时还能够促进紫花苜蓿对其他营养元素的吸收利用。本研究中，施磷深度对叶片氮含量无显著影响，而施磷水平对氮含量影响显著，在 P_{80} 处理下叶片氮含量最高，显著高于不施磷肥处理。当施磷水平过高时则不利于叶片氮的积累。主要是由于适宜的磷含量促进 NR 和 GS 活性达到临界饱和点，将根系吸收的无机氮，特别是硝

态氮快速同化，转化成各种游离氨基酸，协同提供物质基础，从而促进蛋白质的合成。

紫花苜蓿植株磷含量受施入土壤中磷含量的影响，土壤磷含量过高，反而不利于植物的生长。本研究表明，施磷深度、施磷水平及其交互作用对叶片磷含量的影响均具有极显著影响。随着施磷水平的增加，第一茬和第二茬紫花苜蓿叶片磷含量逐渐上升，均在施磷水平为 $320kg/hm^2$ 条件下达到最高。土壤中并不是所有的磷都可以被植物吸收利用，施磷主要是通过提高土壤有效磷的含量来促进植物生长，随着土壤有效磷含量的增加，促进了植物对磷的吸收。随着施磷深度的增加第一茬紫花苜蓿叶片磷含量呈先升高后降低的变化规律，而第二茬叶片含磷量逐渐降低，可能是由于施入土壤中的磷被土壤中的金属离子固定，进而抑制了紫花苜蓿根系对磷的吸收。在相同施磷深度与施磷水平处理下，第二茬叶片磷含量要略高于第一茬。这可能是刈割促使紫花苜蓿在生长发育过程中强化了从土壤中吸收磷的功能，进而导致紫花苜蓿植株中叶磷含量上升。

3.3.1.5 施磷深度与施磷水平对紫花苜蓿叶片碳氮比、碳磷比、氮磷比的影响

生态化学计量学的提出为探究植物生长与养分供应的关系提供了有效手段。碳氮比和碳磷比反映了植物生长速度，并与植物对氮和磷的利用效率有关。叶片碳氮比增加说明氮利用效率提高，碳磷比增加则说明磷利用效率提高。植物叶片的碳氮比和碳磷比在一定程度上反映了植物的养分利用效率，因而具有重要的生态学意义。在本研究中，随着施磷深度的增加第二茬叶片碳氮比逐渐降低，氮含量无显著变化。主要是由于施磷深度的增加使深层土壤养分含量增加，紫花苜蓿为了吸收深层土壤中的养分，叶片合成更多的光合产物，促进紫花苜蓿根系的向下生长，吸收土壤养分。随着施磷水平的增加，第一茬和第二茬紫花苜蓿叶片碳磷比逐渐降低，紫花苜蓿的磷利用效率逐渐降低。这主要是由于均随施磷水平的增加土壤中磷含量不断升高，从而使紫花苜蓿降低了磷的利用效率。

磷作为植物生长发育的基本营养元素，在植物体蛋白质、磷酸的合成及能量传递等生理代谢过程中发挥着重要作用。氮、磷作为植物体生长发育的限制性元素，氮磷比对植物养分可获得性及其与土壤间的养分供需平衡关系有很好的指示作用。氮磷比可反映植物生长受氮或磷营养供给的限制。Koerselman 等（1996）认为陆生高等植物氮磷比的临界值为 14 和 16，当氮磷比>16 时，可判别植物生长受到磷含量的限制，当氮磷比<14 时，植物生长受到氮含量限制，当 14<氮磷比<16 时，植物生长受氮、磷共同限制。本研究中在各施磷深度和各施磷水平处理下第一茬叶片氮磷比均小于 14，说明第一茬紫花苜蓿生长受氮的限制。紫花苜蓿根系能够与根瘤菌形成共生体进行生物固氮，为紫花苜蓿的生长提供氮，但是根瘤菌的结瘤固氮能力受氮肥用量的影响。第一茬紫花苜蓿在幼苗期植物根系尚未与根瘤菌建立共生固氮关系，植物生长所需氮主要从土壤中获得，适量地施氮能够促进植物根系生长，为根瘤菌浸染和结瘤创造良好环境。马霞等（2013）认为当施氮量为 $50kg/hm^2$ 时，接种根瘤菌能增加紫花苜蓿的根瘤数量、重量及紫花苜蓿的固氮量，超过 $50kg/hm^2$ 则会抑制根瘤菌的结瘤固氮。本试验土壤为风沙土，养分贫瘠，透水透肥，虽然在播种时和苗期施用了一定的氮肥，但是紫花苜蓿生长仍然受氮限制，可能是由于灌水导致了氮肥的淋溶。因此在第一茬紫花苜蓿生长过程中应当适时地补充氮肥。本研究还发现在不施磷（P_0）处理下，第二茬叶片氮磷比为

16.09，紫花苜蓿生长受磷限制。随着施磷水平的增加叶片氮磷比逐渐降低，在施磷水平为 P_{80}、P_{160}、P_{240} 处理下受氮磷共同限制，当施磷水平增加到 320kg/hm² 时，氮磷比为 13.47，生长受氮限制。磷肥用量的增加使土壤中磷含量逐渐上升，满足了植物对磷的需求，而土壤中磷的增加，使氮的营养水平相对降低，导致紫花苜蓿生长受氮限制。

3.3.2 结论

施磷深度与施磷水平对第一茬和第二茬紫花苜蓿株高的影响不同。交互作用对第一茬和第二茬株高具有极显著影响。第一茬紫花苜蓿株高在 D_5P_{240}、D_5P_{320}、$D_{15}P_{320}$、$D_{20}P_{160}$ 处理下较高，第二茬苜蓿在 $D_{15}P_{80}$ 处理下最高。施磷深度与施磷水平对紫花苜蓿生物量影响显著，随着施磷深度的增加紫花苜蓿生物量逐渐降低，随着施磷水平的增加生物量逐渐上升。施磷深度×施磷水平交互作用对生物量影响极显著，在施磷深度为 15cm 和施磷水平 320kg/hm² 条件下，紫花苜蓿各生物量达到最大值。施磷深度对茎秆贡献率无显著影响，增加施磷深度主要通过提高紫花苜蓿叶片贡献率来增加地上部物质积累，施磷深度会降低根系贡献率，抑制地下生物量的积累。增加施磷水平通过显著促进紫花苜蓿叶片和茎秆贡献率来提高地上生物量。根系贡献率随着施磷水平的增加而降低。结合上述结论，施磷水平能够提高根系生物量，但是对紫花苜蓿地上部物质积累的影响要大于地下根系。在第一茬紫花苜蓿生长期，根系发育不完全，施磷深度会增加茎秆 NDF 含量，降低碳、磷含量，降低 RFV。适宜的施磷水平能够促进紫花苜蓿粗蛋白质的积累。施磷会显著降低紫花苜蓿茎秆中 ADF、NDF 含量，施磷水平显著提高茎叶 RFV。在施磷深度为 15cm 和施磷水平为 320kg/hm² 条件下紫花苜蓿茎叶具有较高碳、磷含量和 RFV。适宜的施磷深度可提高第二茬叶片碳含量，施磷深度对叶片氮含量无显著影响，适宜的施磷深度对第一茬叶片磷含量具有一定的促进作用，增加施磷深度会显著降低第二茬叶片磷含量。施磷水平能够显著提高第二茬叶片碳含量，适宜的施磷水平能够促进叶片氮含量，增加施磷水平可显著提高叶片磷含量。增加施磷深度会提高第二茬叶片的碳同化能力，施磷深度对碳磷比无显著影响，对氮磷比影响显著。施磷水平对叶片碳同化能力和氮利用效率均有一定的促进作用，增加施磷水平会降低叶片磷利用效率，施磷水平对第二茬叶片氮磷比影响显著，随着施磷水平的增加氮磷比逐渐降低。随着施磷水平的增加土壤中磷逐渐增加，导致紫花苜蓿对氮的需求增加，使紫花苜蓿生长逐渐受到氮的限制。

4 科尔沁沙地 20 个紫花苜蓿品种碳、氮、磷化学计量特征研究

植物体内元素积累是地上部光合作用与地下部根系吸收水分、养分相统一的反馈过程，碳、氮、磷作为植物体生长发育所必需的营养元素，在植物体内的积累存在一个平衡关系，其含量及比值直接反映、控制植物的生长发育状况及其行为过程。碳是植物各种生理生化过程的底物和能量来源，是构成植物体干物质的主要元素，氮、磷是生物体蛋白质与核酸的基本组成元素，也是植物生长最重要的限制性元素，植物结构性元素碳和功能限制性元素氮、磷之间相互作用，共同参与植物体的基本生理生化过程，调节着植物的生长，对植物各种功能产生深刻的影响。碳、氮、磷生态化学计量比是生态系统过程及其功能的重要特征，不同组分碳、氮、磷比值可以作为养分限制，以及碳、氮、磷饱和诊断的有效预测性指标，植物体内碳、氮、磷化学计量比体现了生态系统中碳积累动态及氮和磷养分限制格局。分析化学计量特征有助于了解植物对环境的响应和适应性、植物营养元素的利用效率或限制性元素判定，进而指导栽培管理和引种驯化等工作。

科尔沁沙地作为内蒙古的主要畜牧业生产基地，紫花苜蓿作为当地主要的饲用作物，种植面积也逐年增加。如何科学合理地建植和管理紫花苜蓿人工草地则成为人们关心的主要问题，其中品种的选择及养分管理尤为关键。目前报道了一些关于科尔沁沙地紫花苜蓿品种比较的研究，其中郝培彤等（2019）、朱爱民等（2019）比较了不同紫花苜蓿品种根系的抗寒生理机制，陈玲玲等（2012）、梁庆伟等（2018）分析了不同紫花苜蓿品种地上营养体的生产性能。而有关科尔沁沙地不同品种紫花苜蓿全株碳、氮、磷化学计量特征方面的研究未见报道。不同品种紫花苜蓿的化学计量特征（差异）体现着这些品种在同一生境下体内元素的积累与养分获得性，及其与土壤间养分供需的平衡关系。基于此，本章从碳、氮、磷化学计量学角度探讨科尔沁沙地生境不同品种紫花苜蓿养分运移和分配规律，明晰该地区紫花苜蓿生长的限制因素及适宜栽培的紫花苜蓿品种，为科尔沁沙地紫花苜蓿人工草地品种选择与肥料管理提供依据。

4.1 材料与方法

4.1.1 试验地概况

试验地位于内蒙古通辽市扎鲁特旗南部（N 44°40′，E 121°31′，海拔 214m），属于中温带大陆性季风气候。四季分明，全年光照充足，太阳辐射较强，年均气温 6.6℃，

年均日照时数 2 882.7h，无霜期 139d 左右，春旱多风，年均降水量 382.5mm，降水主要集中在 7—8 月，年均蒸发量 1 957mm，≥10℃的年均有效积温 3 192℃。土壤养分状况为：有机质 8.59g/kg、全氮 1.99g/kg、全磷 0.66g/kg、全钾 104.71g/kg、碱解氮 37.24mg/kg、有效磷 34.58mg/kg、速效钾 74.82mg/kg。

4.1.2 试验材料

供试 20 个紫花苜蓿品种为：MF4020、斯贝德、威神、驯鹿、WL-343HQ、WL-354HQ、北极熊、旱地、金皇后、三得利、敖汉苜蓿、草原二号、草原三号、赤草一号、甘农一号、公农一号、龙牧 801、陇东苜蓿、肇东苜蓿、准格尔苜蓿。

4.1.3 试验设计

试验小区完全随机排列，于 2016 年 7 月播种，条播，播种量为 22.5kg/hm²，行距 15cm，3 次重复，小区面积 5m×6m。于 2018 年 6 月第一茬紫花苜蓿初花期进行取样，每个小区选取 3 个 1m 长的样段，并挖取根系，深度 50cm，65℃烘干粉碎待测。

4.1.4 测定指标与方法

全碳采用重铬酸钾外加热法测定，全氮测定采用凯氏定氮法测定，全磷测定采用钼锑抗比色法测定。

4.1.5 数据处理与分析

试验数据用 Excel 2013 整理，用 SPSS 22.0 进行单因素方差分析和聚类分析。

4.2 结果与分析

4.2.1 20 个紫花苜蓿品种地上部碳、氮、磷含量及比值

由表 4-1 可知，20 个紫花苜蓿品种碳、氮、磷、碳氮比、碳磷比、氮磷比变化范围分别为 36.08%～44.36%、2.28%～3.66%、0.32%～0.43%、9.90～16.93、87.85～129.88、5.80～9.08。肇东苜蓿、准格尔苜蓿、赤草一号、公农一号 4 个品种碳含量显著高于斯贝德（$P<0.05$）；氮含量较高的为斯贝德、WL-343HQ、公农一号、甘农一号、陇东苜蓿、旱地、WL-354HQ、北极熊；磷含量较高的为准格尔苜蓿、草原二号、斯贝德、龙牧 801、敖汉苜蓿、金皇后、赤草一号、威神、公农一号、旱地；氮、磷含量均以三得利最低；碳氮比除斯贝德外，各品种间无显著差异（$P>0.05$），其中赤草一号、草原二号、龙牧 801、肇东苜蓿、三得利、驯鹿、草原三号、准格尔 8 个品种显著高于斯贝德（$P<0.05$）；碳磷比除龙牧 801、金皇后、斯贝德外，其他 17 个品种间无显著差异（$P>0.05$）；氮磷比除赤草一号、准格尔苜蓿、草原二号、龙牧 801 外，其他 16 个品种间无显著差异（$P>0.05$）。

表 4-1 20 个紫花苜蓿品种地上部碳、氮、磷含量与比值

品种	碳（%）	氮（%）	磷（%）	碳氮比	碳磷比	氮磷比
MF4020	38.87±1.98ab	2.64±0.06bcd	0.34±0.01def	14.74±0.77ab	115.24±6.98abc	7.82±0.42abcd
斯贝德	36.08±1.73b	3.66±0.25a	0.41±0.01ab	9.90±0.86b	87.85±4.44c	8.93±0.73a
威神	41.34±1.16ab	2.87±0.29bcd	0.39±0.01abcde	14.52±1.23ab	106.57±6.81abc	7.42±0.99abcd
驯鹿	41.34±1.95ab	2.62±0.08bcd	0.36±0.02bcdef	15.82±1.04a	114.39±4.99abc	7.25±0.42abcd
WL-343HQ	41.97±2.04ab	3.24±0.16ab	0.37±0.01bcdef	12.98±0.89ab	113.23±7.88abc	8.75±0.69ab
WL-354HQ	43.34±2.94ab	2.93±0.06abcd	0.33±0.01ef	14.78±0.90ab	129.88±6.76a	8.79±0.09ab
北极熊	39.91±0.63ab	2.91±0.09abcd	0.36±0.01bcdef	13.71±0.58ab	109.62±3.67abc	8.00±0.1abcd
旱地	42.31±1.53ab	3.04±0.08abcd	0.38±0.03abcde	13.93±0.82ab	111.77±10.05abc	8.02±0.51abcd
金皇后	38.38±1.51ab	2.85±0.48bcd	0.40±0.01abc	13.95±2.91ab	96.22±2.81bc	7.16±1.31abcd
三得利	36.97±0.98ab	2.28±0.05d	0.32±0.02f	16.26±0.62a	116.87±10.11abc	7.18±0.38abcd
敖汉苜蓿	39.61±1.13ab	2.89±0.32bcd	0.40±0.02abc	13.85±1.27ab	99.27±7.25abc	7.26±1.09abcd
草原二号	42.23±0.55ab	2.52±0.13bcd	0.42±0.00ab	16.81±0.69a	100.92±0.93abc	6.02±0.29cd
草原三号	40.76±2.18ab	2.62±0.18bcd	0.37±0.02bcdef	15.72±1.94a	110.77±11.59abc	7.06±0.19abcd
赤草一号	44.09±2.30a	2.60±0.05bcd	0.40±0.01abcd	16.93±0.69a	111.40±5.21abc	6.58±0.23bcd
甘农一号	40.33±0.41ab	3.14±0.03abc	0.35±0.00cdef	12.86±0.27ab	116.81±1.54abc	9.08±0.08a
公农一号	43.98±4.83a	3.16±0.08ab	0.39±0.03abcde	13.90±1.32ab	114.37±15.46abc	8.22±0.81abc
龙牧801	39.69±1.03ab	2.38±0.13cd	0.41±0.01ab	16.71±0.74a	96.90±3.23bc	5.80±0.21d
陇东苜蓿	42.12±2.30ab	3.05±0.45abcd	0.37±0.02bcdef	14.20±2.68ab	114.26±13.07abc	8.18±0.75abc
肇东苜蓿	44.36±3.22a	2.65±0.05bcd	0.37±0.01bcdef	16.70±0.94a	121.20±11.61ab	7.24±0.32abcd
准格尔苜蓿	44.25±2.02a	2.84±0.14bcd	0.43±0.02a	15.64±1.51a	102.46±8.28abc	6.56±0.10bcd

注：同列不同小写字母表示品种间在 0.05 水平下差异显著，下同。

4.2.2 20 个紫花苜蓿品种地下根系碳、氮、磷含量及比值

由表 4-2 可知，20 个紫花苜蓿品种地下根系碳、氮、磷、碳氮比、碳磷比、氮磷比变化范围分别为 39.07%~50.93%、0.83%~2.22%、0.33%~0.45%、21.32~60.45、99.56~144.89、1.89~6.12。草原二号碳含量最高，与草原三号、敖汉苜蓿、准格尔苜蓿、旱地、北极熊、甘农一号 6 个品种差异显著（$P<0.05$）；斯贝德、WL-343HQ、驯鹿氮含量显著高于其他 17 个品种（$P<0.05$）；磷含量较高的有三得利、敖汉苜蓿、WL-354HQ、草原二号、草原三号 5 个品种，其中三得利、敖汉苜蓿要显著高于其他 15 个品种（$P<0.05$）；碳氮比较高的有公农一号、敖汉苜蓿、草原二号、MF4020、草原三号、甘农一号、WL-354HQ、陇东苜蓿、三得利、北极熊、金皇后，且这 11 个品种间碳氮比无显著差异，斯贝德碳氮比最低；碳磷比最高的为龙牧801，显著高于草原二号、WL-354HQ、北极熊、旱地、MF4020、甘农一号、三得利、草原三号、敖汉苜

· 66 ·

蓿（$P<0.05$）；氮磷比最高的为斯贝德，且显著高于三得利、甘农一号、MF4020、草原二号、草原三号、公农一号、敖汉苜蓿。

表 4-2 20 个紫花苜蓿品种地下根系碳、氮、磷含量与比值

品种	碳（%）	氮（%）	磷（%）	碳氮比	碳磷比	氮磷比
MF4020	44.61±3.93abcd	1.09±0.17bcd	0.39±0.01bcd	42.78±11.01abc	113.33±7.50cde	2.77±0.49cde
斯贝德	46.07±1.77abc	2.22±0.40a	0.36±0.01def	21.32±3.02c	127.76±0.76abc	6.12±0.92a
威神	49.11±1.26abc	1.74±0.38bcd	0.35±0.01ef	29.52±5.90bc	142.29±4.56ab	5.06±1.21abcd
驯鹿	46.01±1.29abc	2.00±0.06a	0.36±0.01def	22.98±0.70c	126.94±5.05abc	5.53±0.25abc
WL-343HQ	47.54±1.01abc	2.16±0.20a	0.37±0.00def	22.27±2.48c	127.71±1.94abc	5.80±0.57ab
WL-354HQ	50.47±0.22ab	1.46±0.06bcd	0.42±0.00abc	34.73±1.16abc	119.15±1.67bcde	3.44±0.16abcde
北极熊	43.08±2.70cd	1.37±0.25bcd	0.36±0.01def	32.76±7.77abc	118.01±5.58cde	3.78±0.74abcde
旱地	43.56±1.44cd	1.42±0.09bcd	0.38±0.02cde	30.86±3.02bc	113.65±5.60cde	3.71±0.34abcde
金皇后	46.74±0.55abc	1.44±0.09bcd	0.37±0.01de	32.69±2.59abc	124.77±3.29abcd	3.83±0.21abcde
三得利	45.62±1.09abc	1.40±0.12bcd	0.45±0.00a	32.87±3.35abc	102.11±2.34de	3.13±0.26bcde
敖汉苜蓿	43.79±0.96cd	0.83±0.22d	0.44±0.01a	57.12±17.29ab	99.56±2.22e	1.89±0.49e
草原二号	50.93±0.42a	1.16±0.12bcd	0.42±0.00abc	44.39±4.82abc	120.35±0.97bcde	2.74±0.27cde
草原三号	44.09±0.17bcd	1.10±0.18bcd	0.44±0.01ab	41.14±6.14abc	100.7±2.90e	2.51±0.45de
赤草一号	48.15±1.62abc	1.71±0.33bcd	0.37±0.01def	29.45±6.42bc	130.69±1.50abc	4.66±1.04abcde
甘农一号	39.07±1.03d	1.00±0.08cd	0.35±0.01ef	39.39±3.99abc	112.74±4.87cde	2.89±0.28cde
公农一号	48.12±2.98abc	0.83±0.15d	0.36±0.00def	60.45±15.19a	133.68±9.13abc	2.31±0.40de
龙牧 801	46.73±0.5abc	1.88±0.18bc	0.33±0.04f	25.03±2.30c	144.89±18.99a	5.89±1.24ab
陇东苜蓿	46.44±0.93abc	1.43±0.29bcd	0.34±0.01ef	34.11±8.52abc	134.98±6.44abc	4.14±0.74abcde
肇东苜蓿	45.44±2.87abcd	1.75±0.62bcd	0.36±0.00def	29.62±10.58bc	125.24±7.51abcd	4.84±1.75abcd
准格尔苜蓿	43.65±0.69cd	1.52±0.10bcd	0.34±0.01ef	28.95±2.09c	127.93±2.85abc	4.45±0.42abcde

4.2.3 20 个紫花苜蓿品种化学计量学特征的聚类分析

将 20 个紫花苜蓿品种地上部与地下根系碳、氮、磷、碳氮比、碳磷比、氮磷比共12 个指标，用欧氏距离、离差平方和法进行聚类分析（图 4-1，表 4-3）。当距离为 11时，可将 20 个紫花苜蓿品种分为 3 个类群，同时计算每个类群碳、氮、磷含量及其比值的平均值：第一类 7 个品种（驯鹿、WL-343HQ、肇东苜蓿、赤草一号、陇东苜蓿、WL-354HQ、公农一号），这一类地上部碳、氮、碳氮比、碳磷比、氮磷比、地下根系碳在 3 个类群中最高。第二类 6 个品种（威神、龙牧 801、金皇后、准格尔苜蓿、草原二号、斯贝德），这一类地上部磷地下根系氮、碳磷比、氮磷比在 3 个类群中最高。第三类 7 个品种（三得利、草原三号、北极熊、旱地、MF4020、甘农一号、敖汉苜蓿），

这一类地下根系磷、碳氮比在 3 个类群中最高。

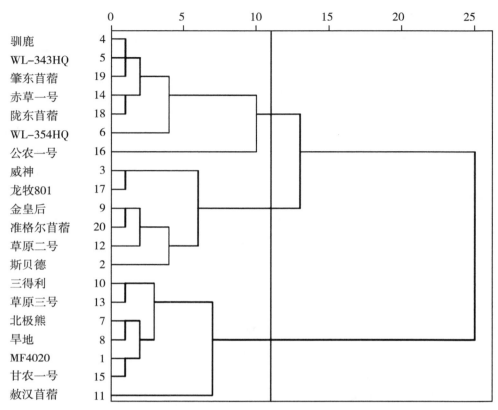

图 4-1　20 个紫花苜蓿品种碳、氮、磷化学计量特征聚类图

表 4-3　20 个紫花苜蓿品种 3 个类群的碳、氮、磷化学计量特征差异

部位	类群	碳（%）	氮（%）	磷（%）	碳氮比	碳磷比	氮磷比
	Ⅰ	43.03	2.89	0.37	15.04	116.96	7.86
地上部	Ⅱ	40.33	2.85	0.41	14.59	98.49	6.98
	Ⅲ	39.82	2.79	0.36	14.44	111.48	7.78
	Ⅰ	47.45	1.62	0.37	33.37	128.34	4.39
地下根系	Ⅱ	47.21	1.66	0.36	30.31	131.33	4.68
	Ⅲ	43.40	1.17	0.40	39.56	108.59	2.96

4.3　讨论与结论

4.3.1　讨论

　　植物体碳、氮、磷的组成及分配是相互联系、不可分割的一个整体。植物的光合代谢与矿质代谢间相互联系，植物体内碳的固定需要大量蛋白酶（氮库）的参与，蛋白酶的装配需要大量核酸的复制（磷库），氮、磷元素又依赖于植物根系的吸收和向地上部的转运，而这些过程皆需要植物的光合产物来提供能量。不同紫花苜蓿品种间遗传物质不同，植物体碳、氮、磷元素的积累存在差异。植物体碳含量较高，则其骨架更强壮，防御能力、抗逆性更强。本研究中，20 个紫花苜蓿品种地下根系碳含量（39.07%～50.93%）高于地上部（36.08%～44.36%），且品种间根系碳含量差异显著。氮、磷是植物生长发育的基本营养元素。本研究中，20 个紫花苜蓿品种地上部氮含量的变化范围为 2.28%～3.66%，与杨秀芳等（2018）研究结果（2.75%～3.28%）较为相符。地下根系氮含量的范围是 0.84%～2.22%，紫花苜蓿是一种高蛋白饲草，其地上部需要大量的氮合成蛋白质，从而形成地上部氮含量高于地下根系的特点。本研究表明，20 个紫花苜蓿品种地上部和地下根系磷含量的变化范围分别为 0.32%～0.43%、0.33%～0.45%，与李玉珠等（2019）在河西走廊荒漠灌区的研究结果（0.66%～1.29%）差异明显，这主要是由于紫花苜蓿生长所处的气候特征、土壤条件和人工管理措施不同所致。科尔沁沙地多为风沙土，养分贫瘠，施肥效果明显，大量地施磷肥和补水，提高了土壤有效磷含量，钾肥的使用促进了对磷的吸收。

　　氮、磷是植物体生长发育的限制性元素，氮磷比对植物养分可获得性及其与土壤间的养分供需平衡关系有很好的指示作用。氮磷比可反映植物生长受氮或磷营养供给的限制状。Koerselman 等（1996）认为陆生高等植物氮磷比的临界值为 14 和 16，当氮磷比>16 时，可判别植物生长受到磷含量的限制；当氮磷比<14 时，说明植物生长受到氮含量限制；当 14<氮磷比<16 时，受氮、磷共同限制。本研究中科尔沁沙地 20 个紫花苜蓿品种氮磷比均小于 14，说明紫花苜蓿的生长受氮素限制。紫花苜蓿地上部氮的积累量是其粗蛋白质水平的重要体现。在低氮条件下植物气孔导度、蒸腾速率显著提高，土壤中的质流加强，以提高根际硝态氮含量，促进植物根系对硝态氮的吸收利用。同时低氮会增加硝态氮在植株地上部的分配比例，促进植物的光合代谢与蛋白质的合成。此外，低氮还会促进根系 AtAMT1.1 蛋白转运基因的表达，来提高植物体氮的转运效率，增加植物体内氮的积累。然而这些过程皆需要消耗大量的能量。植物体碳氮代谢相互耦联，在低氮条件下会加强植物地上部碳水化合物向地下根系的运输，促进植物对氮的吸收。因此在紫花苜蓿的品种选择上应当选择碳、氮水平高的品种。紫花苜蓿根系能够与根瘤菌形成共生体进行生物固氮，为紫花苜蓿的生长提供氮素，但根瘤菌的结瘤固氮能力受氮肥用量的影响，即低含量的氮能够促进根瘤菌的生长和结瘤固氮能力。然而科尔沁沙地土壤养分贫瘠，氮元素匮乏，因此在紫花苜蓿肥料管理中应补充一定量的氮肥。

　　聚类分析可反映不同品种遗传上的差异，使性状相近的聚为一类。本研究的聚类分析将 20 个紫花苜蓿品种分为 3 个类群。通过计算每一类群地上部与地下根系碳、氮、磷含量及其比值的平均值发现,第一类的 7 个品种(驯鹿、WL-343HQ、肇东苜蓿、赤草一号、陇东苜蓿、WL-354HQ、公农一号)在 3 个类群中地上部碳、氮含量和地下根系碳含量均最高,说明这一类品种具有较强的抗逆性和较高的粗蛋白质水平。梁庆伟(2018)、陈玲玲(2012)的研究表明 WL-343HQ、肇东苜蓿、公农一号越冬率较高,生产性能综合评价结果较优,适宜在内蒙古阿鲁科尔沁旗推广利用,研究结果与本研究相似。

4.3.2 结论

本研究中供试的 20 个紫花苜蓿品种中适宜在科尔沁沙地推广种植的为:驯鹿、WL-343HQ、肇东苜蓿、赤草一号、陇东苜蓿、WL-354HQ、公农一号共 7 个品种。

5　科尔沁沙地二龄紫花苜蓿草地土壤养分及化学计量特征研究

科尔沁沙地地处半干旱与半湿润气候过渡带，总面积 $5.17×10^4km^2$，是我国北方典型的农牧交错地区和生态环境脆弱区。自 20 世纪以来，人口增加和草地资源的不合理开发利用，导致了土壤结构和性质的改变，进而导致了科尔沁沙地的形成与发展。草地退化是科尔沁沙地形成的主要原因，随着草地的退化，草地生产力下降，草地生物多样性降低，水土保持能力减弱，土壤肥力下降。这已成为制约本地区农牧业发展的主要因素。

人工草地因具有保持水土、改良土壤、生产优质饲草的能力，且在盖度、密度、高度、生物量等方面优于天然草地，已成为改良地方水土、提高牧草产量的主要措施。苜蓿是植被恢复的优良先锋植物，在改善土壤结构、提高土壤肥力方面发挥着重要作用。苏永中等（2009）、杨洋等（2012）研究表明，紫花苜蓿草地能够驱动土壤固定有机碳和氮，提高土壤肥力。张宝泉等（2015）研究发现，种植紫花苜蓿可在一定程度上改善土壤质量。蔺芳等（2019）的研究表明，紫花苜蓿草地可明显提高土壤碳含量。郜继承等（2009）认为紫花苜蓿草地能够提高土壤氮含量。

人工紫花苜蓿草地建植是科尔沁沙地重要的生态恢复措施，随着国家政策的支持和人们生态意识的增强，科尔沁沙地大量退化草地被重新规划，进行人工紫花苜蓿草地建植。为确保紫花苜蓿的成活率，该地区紫花苜蓿草地的建植大多于当年 7 月下旬到 8 月上旬进行播种，第二年进行生产利用。基于此，本章以被开垦规划的原生草地为对照，分析二龄紫花苜蓿人工草地的建植对科尔沁沙地土壤养分及化学计量特征的影响，为该区域草地生态系统的保护和修复提供依据。

5.1　材料与方法

5.1.1　试验地概况

试验地位于内蒙古通辽市扎鲁特旗南部道老杜苏木（N 44°40′，E 121°31′，海拔 214m），属于中温带大陆性季风气候。一年四季分明，光照充足，年均气温 6.6℃，年均日照时数 2 882.7h，无霜期 139d 左右，春旱多风，风沙危害严重，年均降水量 382.5mm，降雨主要集中在 7—8 月，年均蒸发量 1 957mm，≥10℃ 的年均有效积温 3 192℃，土壤类型为风沙土。

5.1.2　试验设计

二龄紫花苜蓿草地于 2016 年 7 月 22 日进行建植，品种为草原三号，条播，播种量为 22.5kg/hm²，苗期施一次磷酸二铵（N 18%、P_2O_5 48%），用量 8kg/hm²。2017 年施用氮、磷、钾复合肥，总养分 46%（N 16%、P_2O_5 15%、K_2O 15%）。施肥总量为 525kg/hm²，返青期施肥量 300kg/hm²，第一次刈割施肥量 75kg/hm²，第二次刈割施肥量 150kg/hm²，第三次刈割后进行土壤样品的采集。原生草地主要植物种有茵陈蒿、甘草、沙打旺、糙隐子草、沙葱、麻黄、扁穗冰草等。

5.1.3　取样方法

2017 年 9 月，分层采集二龄紫花苜蓿草地和原生草地 0~100cm 土壤样品进行研究。两块样地位置相处于同一坡面，坡度 0°~4°。在每一块样地上分别选取 3 块 10m×10m 的样地作为 3 个重复，所选取的 3 块样地的土地利用类型和土壤母质发育类型基本相同。在每个样地内随机设置"S"形取样点 5 个，去除表土处覆盖物后，用土钻（直径 5cm）取 0~10cm、10~20cm、20~30cm、30~40cm、40~50cm、50~60cm、60~70cm、70~80cm、80~90cm、90~100cm 土样，同层混合。在各样地采集土壤样品混合后去掉杂质（石块和植物残根等）后装入塑料袋，带回室内自然风干，研磨后过筛，以供后期试验备用。

5.1.4　样品测定分析

碱解氮采用碱解扩散法测定，有效磷采用 0.5mol/L 碳酸氢钠浸提-钼锑抗比色法测定，速效钾采用醋酸铵浸提-火焰光度法测定，有机碳采用重铬酸钾氧化-外加热法测定，全氮采用半微量凯氏定氮法测定，全磷采用 $HCLO_4$-H_2SO_4-钼锑抗比色法测定。

5.1.5　数据处理

数据采用 Excel 2013 整理统计及图表绘制，用 SPSS 19.0 的 Duncan 法对数据进行多重比较和相关性分析。

5.2　结果与分析

5.2.1　二龄紫花苜蓿草地土壤速效养分含量

由表 5-1 可知，二龄紫花苜蓿草地 0~100cm 土层土壤碱解氮、有效磷、速效钾均值分别为 60.53mg/kg、32.30mg/kg、89.55mg/kg，较原生草地分别增加 62.54%、-6.59%、19.69%。二龄紫花苜蓿草地土壤碱解氮、有效磷、速效钾含量随着土层深度的增加均呈"升-降-升-降"的变化规律，且均在 10~20cm 土层出现最大值。其中 10~20cm 土层碱解氮含量与 20~30cm、30~40cm、60~70cm 土层无显著差异（$P>0.05$）；10~20cm 土层有效磷含量除与 20~30cm 土层无显著差异外（$P>0.05$），显著高于其他各土层（$P<0.05$）；$10\sim20cm$ 土层速效钾显著高于其他各土层（$P<0.05$），在 $0\sim50cm$ 各土层间速效钾含量差异显著（$P<0.05$），在 $50\sim100cm$ 各土层间无显著差异（$P>0.05$）。原生草地土壤碱解氮和速效钾含量随着土层深度的增加逐渐降低，在 $0\sim10cm$ 土层含量最高，且显著高于其他各土层（$P<0.05$），有效磷含量无明显的变化规律。与原生草地相比：二龄紫花苜蓿草地土壤碱解氮含量在 $0\sim10cm$ 土层显著低于原生草地，在其他土层均显著高于原生草地（$P<0.05$），在 $60\sim70cm$ 土层增加最多（$P<0.05$）；土壤有效磷含量在 $0\sim10cm$、$30\sim40cm$ 土层显著低于原生草地，在 $10\sim20cm$、$20\sim30cm$ 土层显著高于原生草地（$P<0.05$）；土壤速效钾含量在 $0\sim10cm$ 土层显著低于原生草地，除 $40\sim50cm$ 土层外，其他各土层均显著高于原生草地（$P<0.05$）。

表 5-1 二龄紫花苜蓿草地土壤速效养分含量

土层 (cm)	碱解氮（mg/kg）		有效磷（mg/kg）		速效钾（mg/kg）	
	二龄紫花苜蓿草地	原生草地	二龄紫花苜蓿草地	原生草地	二龄紫花苜蓿草地	原生草地
0~10	43.81±2.29cdB	95.06±8.05aA	35.34±1.37bcB	42.13±1.03abA	99.86±0.08cB	199.81±0.12aA
10~20	78.10±8.59aA	67.57±1.26bB	46.08±3.01aA	35.42±3.22bcB	136.47±4.65aA	96.55±4.67bB
20~30	74.50±1.53aA	47.33±0.84cB	41.97±10.07abA	32.15±2.19cB	119.74±0.13bA	76.55±4.71cB
30~40	73.97±11.44aA	44.47±5.68cB	31.06±1.03cdB	46.16±8.83aA	89.68±0.37dA	59.93±0.04dB
40~50	52.93±2.37bcA	32.43±5.19dB	28.21±1.57cdA	30.48±2.74cA	60.66±0.38gA	59.86±0.05dA
50~60	48.40±1.72cdA	21.27±1.19eB	29.39±4.04cdA	36.01±2.47bcA	76.3±4.54eA	49.95±0.04eB
60~70	75.88±4.84aA	18.81±1.72eB	36.35±3.56bcA	31.06±0.21cA	79.78±0.15eA	49.92±0.02eB
70~80	62.40±1.76bA	16.56±1.30eB	24.19±1.85dA	31.31±3.70cA	79.91±0.05eA	46.46±4.61eB
80~90	56.68±4.25bcA	16.20±0.73eB	23.01±1.03dA	31.73±4.59cA	79.89±0.04eA	49.92±0.05eB
90~100	38.58±0.63dA	12.65±1.14eB	27.46±4.52cdA	29.30±1.37cA	66.60±4.72fA	49.97±0.02eB

注：同列不同小写字母表示不同土层之间差异显著（$P<0.05$）；同行不同大写字母表示两种草地之间差异显著（$P<0.05$）。下同。

5.2.2 二龄紫花苜蓿草地土壤全量养分含量

由表 5-2 可知，二龄紫花苜蓿草地土壤有机碳、全氮、全磷含量均随土层深度的增加呈"升-降-升-降"的变化规律，有机碳和全氮含量均在 $10\sim20cm$ 土层最高，全磷在 $80\sim90cm$ 土层含量最高，最小值均出现在 $0\sim10cm$ 土层。$10\sim20cm$ 土层土壤有机碳、全氮含量显著高于其他各土层（$P<0.05$）。在 $80\sim90cm$ 土层土壤全磷含量显著高于 $0\sim10cm$、$50\sim60cm$ 土层（$P<0.05$）。与原生草地相比：在 $0\sim10cm$ 土层，二龄紫花苜蓿草地土壤有机碳、全氮、全磷含量显著低于原生草地（$P<0.05$）。在 $10\sim100cm$ 各土层土壤有机碳、全氮含量均显著高于原生草地，在 $70\sim80cm$ 土层增幅最大（$P<0.05$）。土壤全磷含量在 $10\sim100cm$ 各土层均高于原生草地，其中 $40\sim100cm$ 土层显著高于原生草地，$90\sim100cm$ 土层增幅最大（$P<0.05$）。

表 5-2　二龄紫花苜蓿草地土壤全量养分含量

土层 (cm)	有机碳（g/kg）		全氮（g/kg）		全磷（g/kg）	
	二龄紫花 苜蓿草地	原生草地	二龄紫花 苜蓿草地	原生草地	二龄紫花 苜蓿草地	原生草地
0~10	3.136±0.063hB	9.419±0.068aA	0.253±0.065fB	0.868±0.021aA	0.476±0.097bB	0.763±0.149aA
10~20	8.878±0.049aA	6.357±0.095bB	0.953±0.063aA	0.619±0.050bB	0.704±0.114abA	0.648±0.122abA
20~30	6.836±0.098bA	4.834±0.007cB	0.640±0.026bcA	0.305±0.121cB	0.604±0.103abA	0.601±0.074abA
30~40	5.255±0.063eA	3.952±0.02dB	0.609±0.015cdA	0.236±0.102cdB	0.592±0.054abA	0.531±0.090abcA
40~50	4.102±0.028gA	3.145±0.095eB	0.581±0.033cdA	0.224±0.080cdB	0.548±0.113abA	0.424±0.075bcdB
50~60	4.811±0.021fA	2.688±0.075fB	0.606±0.010cdA	0.162±0.041dB	0.478±0.054bA	0.321±0.068cdeB
60~70	5.879±0.028dA	1.756±0.183gB	0.493±0.149deA	0.155±0.019dB	0.614±0.112abA	0.348±0.150cdeB
70~80	6.545±0.167cA	1.564±0.136ghB	0.746±0.015bA	0.112±0.007dB	0.671±0.096abA	0.272±0.106deB
80~90	5.118±0.258eA	1.365±0.136hiB	0.546±0.016cdeA	0.122±0.009dB	0.783±0.155aA	0.243±0.121deB
90~100	3.315±0.056hA	1.248±0.054iB	0.437±0.009eA	0.118±0.005dB	0.549±0.101abA	0.126±0.010eB

5.2.3　二龄紫花苜蓿草地土壤碳、氮、磷化学计量特征

由表 5-3 可知，二龄紫花苜蓿草地土壤碳氮比、氮磷比、碳磷比随着土层深度的增加无明显的变化规律。碳氮比在 0~10cm 土层出现最大值，显著高于 30~60cm、70~80cm、90~100cm 各土层（$P<0.05$）。在 0~10cm、60~70cm 土层碳氮比要高于原生草地，但不显著（$P>0.05$），其他各土层均低于原生草地，其中 20~60cm 各土层差异显著（$P<0.05$）。氮磷比在 10~20cm 土层出现最大值，显著高于 0~10cm、60~70cm、80~100cm 各土层（$P<0.05$）。最小值出现在 0~10cm 土层，显著低于原生草地（$P<0.05$）。在 10~60cm、70~80cm 各土层氮磷比均显著高于原生草地，其中 50~60cm 土层增幅最大（$P<0.05$）。碳磷比最大值出现在 10~20cm 土层，显著高于 0~10cm、40~50cm、80~100cm 各土层（$P<0.05$）。最小值出现在 90~100cm 土层，仅与 10~30cm 各土层差异显著（$P<0.05$）。在 0~10cm 土层碳磷比显著低于原生草地，10~20cm、70~80cm 土层显著高于原生草地（$P<0.05$）。

表 5-3　二龄紫花苜蓿草地对土壤化学计量特征

土层 (cm)	碳氮比		氮磷比		碳磷比	
	二龄紫花 苜蓿草地	原生草地	二龄紫花 苜蓿草地	原生草地	二龄紫花 苜蓿草地	原生草地
0~10	13.354±3.870aA	10.856±0.179aA	0.527±0.033dB	1.180±0.216aA	6.936±1.691cB	12.830±2.483aA
10~20	9.349±0.567abA	10.329±0.689aA	1.382±0.174aA	0.981±0.145abB	12.984±2.281aA	10.182±1.989aB
20~30	10.696±0.287abB	19.121±8.584aA	1.094±0.171abcA	0.489±0.149bB	11.740±2.120abA	8.139±1.094aA

（续表）

土层 （cm）	碳氮比		氮磷比		碳磷比	
	二龄紫花 苜蓿草地	原生草地	二龄紫花 苜蓿草地	原生草地	二龄紫花 苜蓿草地	原生草地
30~40	8.637±0.314bB	21.124±10.627aA	1.034±0.068abcA	0.424±0.124bB	8.955±0.912abcA	7.692±1.437aA
40~50	7.085±0.453bB	16.508±7.012aA	1.100±0.199abcA	0.528±0.190bB	7.875±1.920bcA	7.654±1.428aA
50~60	7.938±0.100bB	17.665±4.268aA	1.290±0.180aA	0.512±0.122bB	10.220±1.296abcA	8.723±1.684aA
60~70	13.205±4.326aA	11.354±0.219aA	0.794±0.166bcdA	0.641±0.457abA	9.950±2.062abcA	7.192±5.013aA
70~80	8.771±0.050bA	14.137±2.050aA	1.140±0.202abA	0.522±0.293bB	10.011±1.829abcA	6.840±2.886aB
80~90	9.396±0.749abA	11.128±0.280aA	0.726±0.145cdA	0.749±0.499abA	6.919±1.924cA	8.217±5.280aA
90~100	7.591±0.031bA	10.716±0.751aA	0.830±0.191bcdA	0.526±0.188bA	6.295±1.421cA	5.705±2.322aA

5.2.4 相关性分析

由表 5-4 可知，有效磷与全氮、全磷呈不显著正相关，与碱解氮呈显著正相关（$P<0.05$）。除此之外，有机碳、全氮、全磷、碱解氮、有效磷、速效钾共计 6 个指标间，均呈极显著正相关（$P<0.01$）。碳氮比与碳磷比呈不显著正相关（$P>0.05$），与氮磷比呈极显著负相关（$P<0.01$）。氮磷比与碳磷比呈极显著正相关（$P<0.01$）。碳氮比与全磷呈显著负相关（$P<0.05$），与全氮呈极显著负相关（$P<0.01$）。碳磷比与有效磷呈显著负相关（$P<0.05$），与有机碳、全氮、碱解氮、速效钾呈极显著正相关（$P<0.01$）。氮磷比与有机碳、全氮、碱解氮、速效钾呈极显著正相关（$P<0.01$）。

表 5-4 土壤养分及土壤化学计量比的相关性分析

指标	有机碳	全氮	全磷	碱解氮	有效磷	速效钾	碳氮比	碳磷比	氮磷比
有机碳	1								
全氮	0.907**	1							
全磷	0.742**	0.745**	1						
碱解氮	0.934**	0.854**	0.742**	1					
有效磷	0.368**	0.177	0.173	0.311*	1				
速效钾	0.861**	0.742**	0.588**	0.805**	0.449**	1			
碳氮比	−0.175	−0.515**	−0.270*	−0.198	0.176	−0.156	1		
碳磷比	0.563**	0.441**	−0.037	0.502**	0.296*	0.489**	0.052	1	
氮磷比	0.585**	0.729**	0.168	0.546**	0.055	0.460**	−0.539**	0.770**	1

注：* 表示显著相关（$P<0.05$）；** 表示极显著相关（$P<0.01$）。

5.3 讨论与结论

5.3.1 讨论

土壤养分含量是判定土壤质量水平的重要因素。本研究结果表明，紫花苜蓿草地 0~100cm 土壤碱解氮、速效钾、有机碳、全氮、全磷均值含量较原生草地均有所增加，与前人研究结果一致，即种植紫花苜蓿可培肥地力，提高土壤养分含量。人工紫花苜蓿草地生态系统是一种类农田生态系统，草地的开垦建设会导致土壤养分含量降低。杨泽鹏等（2017）的研究表明，开垦使表层（0~20cm）土壤理化性质和土壤碳氮养分含量降低得最明显。在本研究中也得到与之相似的结果，即二龄紫花苜蓿草地土壤碱解氮、有效磷、速效钾、有机碳、全氮、全磷在 0~10cm 土层均显著低于原生草地。这主要是由于原生草地土壤受自然和人为的扰动较少，植物残体主要积累在土壤表层，可供微生物维系生命活动的能量充足，从而导致土壤表层养分含量较高。紫花苜蓿草地清地、翻耕、暴晒等生产活动使有机物归还减少、土壤结构发生剧烈变化，有机物质矿化分解加快；另外，紫花苜蓿的生长需要消耗大量的土壤养分，使养分含量下降。本研究发现在 10~100cm 各土层中，紫花苜蓿草地土壤养分含量（除有效磷）均高于原生草地。可能是有以下原因：人为的耕翻措施将表层动植物残体等有机物质翻入底层增加了地上生物量中碳、氮养分向土壤的输入，土壤表层结构破坏后，有机物质和腐殖质以溶解或颗粒态碳、氮的形式向下淋溶淀积。沙地土壤具有较强的淋溶作用，大量使用化学肥料增加了下层土壤的养分积累。根系是下层土壤有机碳周转的重要驱动力，是将光合产物直接输入到地下的唯一途径。紫花苜蓿根系在土壤中纵横穿插，加速了土壤上层养分向下层的运输，同时使土壤中根系脱落的根冠细胞和死亡根系的含量增加，根系分泌大量有机酸，活化土壤，有利于土壤微生物的活动及营养物质的溶解，促进了养分的积累。

土壤化学计量比是衡量土壤质量的重要参数。碳氮比是土壤质量的敏感指标，并且会影响到土壤中的碳氮循环。微生物生命活动所需的最佳碳氮比为25。此时对有机碳转化最有利，当碳氮比<25 时，有机碳转化较容易，能产生充足的氮素，反之，则会使有机碳转化困难，出现会微生物与植物争夺氮的现象，而土壤有机碳积累会更加容易。本研究中二龄紫花苜蓿草地土壤碳氮比变化范围为 7.085~13.354，均值为 9.602，小于中国陆地土壤（12.30）、全球陆地土壤（12.30）、全球草地土壤（11.80）及全球森林土壤（12.40）。表明二龄紫花苜蓿草地较低的土壤碳氮比使土壤有机质分解速率和矿化速率较高，在其矿化作用开始就能供应给植物所需的有效氮量，同时也表明该地区土壤碳比氮更为缺乏。土壤碳磷比被认为是指示土壤磷元素矿化能力的重要指标，也是衡量微生物矿化土壤有机物质释放磷或从环境中吸收固持磷潜力的一种指标。较低碳磷比有利于微生物在有机质分解过程中的养分释放，促进土壤有效磷含量的增加。较高的碳磷比不利于微生物在有机质分解过程中的养分释放，使土壤有效磷含量的减少。本研究发现，二龄紫花苜蓿草地土壤碳磷比变化范围为 6.295~12.984，均值为 9.189，远远低于中国陆地土壤（52.70）、全球陆地土壤（72.00）、全球草地土壤（64.30）及全球

森林土壤（81.90）。表明在紫花苜蓿草地微生物分解有机质过程中受磷的限制可能性较小，土壤磷表现出较高的有效性。较低的土壤碳磷比也说明，碳比磷更为缺乏。氮磷比可用作氮饱和的诊断指标，并被用于确定养分限制的阈值。将氮磷比<14 和氮磷比>16 作为评价植被生产力受氮、磷元素限制的指标。本研究中二龄紫花苜蓿草地各土层土壤氮磷比的范围为 0.527~1.290，均值为 0.992，低于中国陆地土壤（3.9）、全球陆地土壤（5.9）、全球草地土壤（5.6）及全球森林土壤（6.6）。较低的氮磷比说明土壤氮缺乏，植物生产力受氮的影响。综合分析可知，土壤碳、氮、磷元素的缺乏程度为碳>氮>磷。土壤中某种营养元素与化学计量比的相关性越高，则化学计量比受该元素的影响越大。本研究中土壤碳氮比、氮磷比与土壤全氮的相关性最强，碳磷比与有机碳的相关性最强。由此可知，本研究区域土壤碳氮比、氮磷比主要受控于土壤全氮含量，碳磷比受控于土壤有机碳含量，验证了碳、氮含量的主导作用。

5.3.2 结论

二龄紫花苜蓿草地可明显增加 0~100cm 土壤碱解氮、速效钾、有机碳、全氮、全磷含量。二龄紫花苜蓿草地降低了 0~10cm 土壤养分含量，增加了 10~100cm 各土层土壤养分含量（除有效磷外）。二龄紫花苜蓿草地土壤碳氮比、碳磷比、氮磷比较低，均值分别为 9.602、9.189、0.992，碳、氮、磷元素的缺乏程度为碳>氮>磷。土壤全氮含量对碳氮比、氮磷比的影响最大，有机碳含量对碳磷比的影响最大。

6 施肥对科尔沁沙地紫花苜蓿生长及产草量的影响

　　科尔沁沙地是我国典型的农牧交错带地区，草畜产业是该地区的传统优势产业。在当前实施"粮-经-饲"三元种植结构的新形势下，紫花苜蓿作为三元种植结构的首选牧草，在为畜牧业发展提供优质饲草和保护生态环境中发挥着重要作用。随着国内市场对紫花苜蓿需求的急剧增加，对其产量和品质也提出了更高的要求。要维持紫花苜蓿的生产力水平，提高牧草产量和品质，施肥是主要途径之一。施肥通过调控和改变土壤的养分含量提高紫花苜蓿产草量。生长在科尔沁沙地的紫花苜蓿每年可收获 2~3 茬，会从土壤中带走大量的养分。由于科尔沁沙地土质疏松、土壤贫瘠，极易造成水分和养分的流失，肥料的供给显得更加重要。植物生长对养分的需求存在阈值，因此只有确定适宜的施肥量才能够使作物保持合理的群体结构，达到高产、低耗、高效的目的。

　　目前有关施肥对牧草产量影响的报道很多，主要集中在单一元素肥料及营养成分配比等方面。由于营养元素之间的相互作用比较复杂，影响因素较多，紫花苜蓿的产草量在不同地区受栽培技术及环境条件等因素的影响差异很大，不同研究者得出的结论往往存在很大差异，有的甚至截然相反。在科尔沁沙地紫花苜蓿施肥的研究中，金晶炜等（2007）认为紫花苜蓿产量最高的施肥方案为：尿素 $0kg/hm^2$、过磷酸钙 $907.80kg/hm^2$、硫酸钾 $1\,320.00kg/hm^2$；杨恒山等（2003）研究认为，各次刈割鲜草产量及鲜草总产量随着过磷酸钙用量的增加而增加，随着氯化钾施用水平的提高，各次刈割鲜草产量及鲜草总产量均呈先升高后略有下降的趋势，紫花苜蓿鲜草产量在施加过磷酸钙 $600kg/hm^2$ 与氯化钾 $100kg/hm^2$ 处理下达到最高，较对照增产 20.0%。孙浩等（2016）研究表明，施磷可以显著提高各茬次紫花苜蓿产量，且不同茬次对磷肥的响应不同。干鲜比、茎叶比以及株高在不同施肥处理间没有显著差异。张玉霞等（2018）研究认为，科尔沁沙地岗地较洼地土壤贫瘠养分含量低，限制了紫花苜蓿的正常生长发育，降低了紫花苜蓿的草产量、株高、茎秆直径、根瘤数、茎叶比、干鲜比。虽然以上研究都取得了一定的研究结果，然而也存在一定缺陷，如在实际生产中，科尔沁沙地紫花苜蓿多以施用复合肥为主，而这方面的研究报道较少。基于上述相关研究，本试验以该地区所使用的复合肥为供试肥料，探究不同茬次、施肥水平对紫花苜蓿生长及产草量的影响，进一步明确紫花苜蓿的产量调控机制，以期为科尔沁沙地紫花苜蓿的高产栽培提供理论依据。

6.1　材料与方法

6.1.1　试验地概况

试验地位于内蒙古通辽市扎鲁特旗蒙草生态牧场（通辽）有限公司试验基地（N 44°40′，E 121°31′，海拔 214 m），属于中温带大陆性季风气候。四季分明，全年光照充足，太阳辐射较强，年均气温 6.6℃，年均日照时数 2 882.7h，无霜期 139d，春旱多风，年均降水量 382.5mm，降水主要集中在 7—8 月，年均蒸发量 1 957mm，≥10℃的年均有效积温 3 192℃。土壤养分状况为：有机质 8.59g/kg、全氮 1.99g/kg、全磷 0.06g/kg、全钾 104.71g/kg。2017 年 1—12 月的月平均降水量分别为 1mm、2mm、5mm、9mm、26mm、71mm、131mm、90mm、31mm、16mm、4mm、2 mm。

6.1.2　试验材料

紫花苜蓿品种为草原三号，供试肥料为当地紫花苜蓿生产所用氮、磷、钾复合肥（总养分 46%、N 16%、P_2O_5 15%、K_2O 15%），由内蒙古润泽源生物科技股份有限公司提供。

6.1.3　试验设计

试验为随机区组试验，于 2016 年 7 月播种，播种量为 22.5kg/hm²，行距 15cm，于 2017 年（建植第二年）开始施肥处理及观测。共设 5 个施肥水平：525kg/hm²（W_1）、656.25kg/hm²（W_2）、787.5kg/hm²（W_3）、918.75kg/hm²（W_4）、1 050kg/hm²（W_5），每个处理 5 个重复，共 25 个小区，设有喷灌设备。肥料共分 3 次施用，每次施肥将肥料溶于等体积水后喷施在土壤表面，田间管理与大田一致。施用时期分别为：返青施肥（4 月 20 日）、第一次刈割后施肥（6 月 10 日）、第二次刈割后施肥（7 月 25 日），具体施肥量见表 6-1。

表 6-1　施肥方案　　　　　　　　　　　　　　　　　　单位：kg/hm²

处理	返青施肥	第一次刈割施肥	第二次刈割施肥	施肥总量
W_1	300	75	150	525
W_2	375	93.75	187.5	656.25
W_3	450	112.5	225	787.5
W_4	525	131.25	262.5	918.75
W_5	600	150	300	1 050

6.1.4　测定指标及方法

紫花苜蓿总计收获三茬，均选在初花期进行刈割取样，取样时间为 6 月上旬、7 月中旬和 8 月下旬，留茬高度 5cm，所有需要烘干样品均在 105℃ 杀青 30 min，之后在 75℃烘干至恒重。各指标统计检测方法如下：

枝条数：各小区内随机选取设定一个 50cm×50cm 的样方，刈割后数样方内所有紫花苜蓿的一级分枝数。

茎叶比：将以上样方内的样品进行茎、叶分离，烘干后，称量其干重，计算茎干重和叶干重的比值。

枝条长度与茎秆直径：刈割后，随机选取 10 株紫花苜蓿枝条，用卷尺测定枝条拉直后的长度，同时用游标卡尺测定茎秆基部的直径。

生长速率：从返青开始，每隔 7d，在各小区随机选取 10 株生长正常、长势均匀的植株，用卷尺测量从地面到植株顶部的自然高度，根据公式 GR＝（L_1-L_2）/7 计算生长速率；式中，GR 表示生长速率，L_1 和 L_2 分别为测定期间后一次和前一次的株高，7 为两次测量的间隔时间。

干鲜比：测产样方为 100cm×100cm，刈割后去除杂草称鲜重，烘干后称重，计算干草重量和鲜草重量的比值。

根冠比：在第三茬紫花苜蓿刈割时挖出测产样方内 35cm 深度的紫花苜蓿根系，清洗烘干后称重，计算根干重与干草重量的比值。

6.1.5　数据统计

数据采用 Excel 2003 进行整理和绘图，用 SPSS 19.0 进行相关性分析，用 DPS 9.5 进行方差分析。

6.2　结果与分析

6.2.1　施肥量对紫花苜蓿产量的影响

由图 6-1 可知，第一茬紫花苜蓿干草产量随施肥水平的增加呈逐渐降低的趋势，W_1 处理干草产量出现最大值，为 7 749.4kg/hm²，并且显著高于其他施肥处理（$P<0.05$）；第二茬、第三茬干草产量和总产量均随施肥量的增加呈现先上升后下降的趋势，并且在 W_2 处理出现最大值。施肥量为 656.25kg/hm² 时，紫花苜蓿总产量最高。

6.2.2　施肥量对紫花苜蓿枝条长度的影响

由图 6-2 可知，三茬紫花苜蓿在各施肥处理下枝条长度的均值大小表现为：第二茬>第一茬>第三茬。施肥量对第二茬、第三茬紫花苜蓿枝条长度无显著影响，对第一茬紫花苜蓿枝条长度影响显著（$P<0.05$）。随着施肥量的增加，枝条长度呈现的"升-降-升"的变化规律。W_2 处理枝条长度达到最大值，显著高于 W_1 和 W_4 处理（$P<0.05$）。W_1 处理枝条长度最低，显著低于 W_2、W_3 和 W_5 处理（$P<0.05$），枝条长度分别低 13.66cm、10.45cm 和 9.45cm。表明施肥量为 656.25kg/hm² 的第一茬紫花苜蓿枝条长度值最大，该施肥水平下更能促进紫花苜蓿枝条伸长。

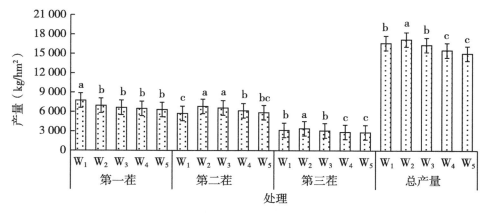

图 6-1　施肥量对紫花苜蓿产量的影响

注：不同字母表示在相同茬次不同施肥量下在 $P<0.05$ 水平差异显著，下同。

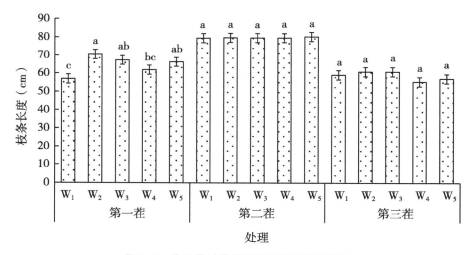

图 6-2　施肥量对紫花苜蓿枝条长度的影响

6.2.3　施肥量对紫花苜蓿茎秆直径的影响

由图 6-3 可知，三茬紫花苜蓿在各施肥处理下茎秆直径的均值大小表现为：第一茬>第二茬>第三茬。施肥量对第一、第三茬紫花苜蓿茎秆直径无显著影响（$P>0.05$），茎秆直径的变化范围分别为 3.33~3.60 mm、1.80~2.15 mm。施肥量对第二茬紫花苜蓿茎秆直径影响显著（$P<0.05$），随着施肥量的增加紫花苜蓿茎秆直径的变化趋势为先上升后下降，W_4 处理显著高于其他各处理（$P<0.05$），W_1、W_2、W_3、W_5 处理间无显著差异（$P>0.05$）。结果表明总施肥量为 918.75kg/hm² 时第二茬紫花苜蓿茎秆直径值最大，有利于紫花苜蓿茎秆直径的增加。

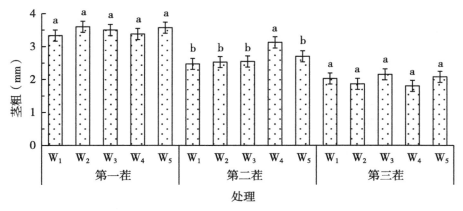

图 6-3　施肥量对紫花苜蓿茎秆直径的影响

6.2.4　施肥量对紫花苜蓿枝条数的影响

由图 6-4 可知，三茬紫花苜蓿在各施肥处理下枝条数均值大小表现为：第一茬>第二茬>第三茬。施肥量对各茬紫花苜蓿枝条数影响显著（$P<0.05$）。第一茬紫花苜蓿枝条数随施肥量的增加呈逐渐上升的趋势，W_2 处理最少，W_5、W_3、W_4、W_1 处理间无显著差异（$P>0.05$）。第二茬紫花苜蓿枝条数随施肥量的增加呈逐渐上升的趋势，大小顺序表现为 $W_5>W_4>W_3>W_2>W_1$，其中 W_5 处理显著高于 W_1、W_2、W_3 处理（$P<0.05$），且 W_1、W_2、W_3 处理间无显著差异（$P>0.05$）。第三茬紫花苜蓿枝条数随施肥量的增加呈现逐渐降低的趋势，大小顺序为 $W_1>W_2>W_3>W_4>W_5$，其中 W_1 处理显著高于 W_3、W_4、W_5 处理（$P<0.05$），且 W_3、W_4、W_5 处理间无显著差异（$P>0.05$）。表明增加施肥量可增加第一茬、第二茬紫花苜蓿的枝条数，有利于产量的增加，第三茬则与之相反。

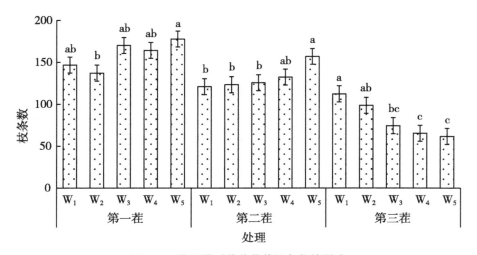

图 6-4　施肥量对紫花苜蓿枝条数的影响

6.2.5 施肥量对紫花苜蓿根冠比的影响

由图 6-5 可知，随着施肥量的增加紫花苜蓿根冠比呈先上升后降低的趋势，在 W_3 处理时达到最大值（1.64），其大小顺序为 $W_3 > W_2 > W_4 > W_1 > W_5$。表明施肥量为 787.5kg/hm² 时紫花苜蓿的根冠比达到最大值，可显著提高根系生物量。

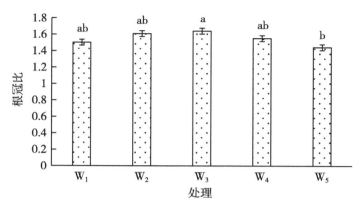

图 6-5 施肥量对紫花苜蓿根冠比的影响

6.2.6 施肥对紫花苜蓿生长速率的影响

由图 6-6 可知，第一茬紫花苜蓿生长速率变化较为平缓，在生长后期略有上升，4 月 26 日至 5 月 16 日 W_3、W_4 处理生长速率处于较高水平，在 5 月 16 日至 5 月 30 日则 W_2 处理生长速率明显高于其他处理。说明第一茬紫花苜蓿施肥量 656.25kg/hm²，对苜蓿生长后期有明显的促进作用。第二茬紫花苜蓿生长速率呈逐渐下降的趋势，相比之下，W_2、W_4 处理下生长速率在前期下降较快，后期稍缓。W_1、W_2 处理第三茬紫花苜蓿生长速率逐渐降低，而 W_3、W_4 处理的生长速率在前期逐渐下降，后期则略有提高。说明在施肥量 787.5kg/hm² 和 918.75kg/hm² 时可提高第三茬紫花苜蓿后期的生长速率。

6.2.7 施肥量对紫花苜蓿茎叶比、干鲜比的影响

茎叶比和干鲜比是衡量紫花苜蓿品质、干物质积累程度和利用价值的重要指标。由表 6-2 可知，三茬紫花苜蓿茎叶比的大小顺序依次为第二茬>第一茬>第三茬，说明第二茬紫花苜蓿茎秆生长较快，茎秆所占干物质比例增加，叶片所占干物质比例降低，从而导致品质的降低。干鲜比的大小顺序依次为第三茬>第二茬>第一茬，说明第三茬紫花苜蓿干物质积累要高于第一茬、第二茬。方差分析表明施肥量对各茬紫花苜蓿的茎叶比、干鲜比均无显著影响，表明施肥量不会对茎叶比与干鲜比产生影响。

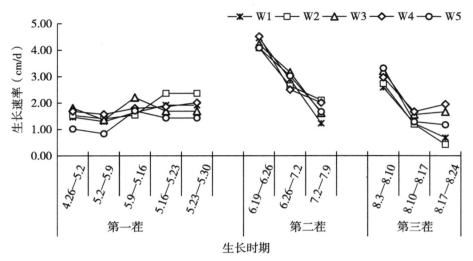

图 6-6　施肥量对紫花苜蓿生长速率的影响

注：x.xx表示x月xx日。

表 6-2　施肥量对紫花苜蓿茎叶比、干鲜比的影响

处理	茎叶比			干鲜比		
	第一茬	第二茬	第三茬	第一茬	第二茬	第三茬
W₁	1.41±0.14a	1.75±0.11a	1.16±0.13a	0.18±0.02a	0.23±0.04a	0.28±0.04a
W₂	1.52±0.26a	1.71±0.31a	1.14±0.23a	0.18±0.01a	0.26±0.07a	0.28±0.11a
W₃	1.28±0.12a	1.9±0.09a	1.24±0.27a	0.19±0.01a	0.22±0.02a	0.22±0.03a
W₄	1.35±0.13a	1.71±0.22a	1.25±0.24a	0.17±0.01a	0.20±0.04a	0.28±0.10a
W₅	1.34±0.11a	1.84±0.15a	1.04±0.06a	0.18±0.01a	0.20±0.02a	0.23±0.03a

注：同列不同小写字母表示不同施肥处理在 0.05 水平差异显著。

6.2.8　相关性分析

由表 6-3 可知，茎秆直径、枝条数与干草产量的相关性系数分别为 0.791、0.685，呈极显著正相关（$P<0.01$）。枝条长度与干草产量的相关性系数为 0.471，呈显著正相关（$P<0.05$），茎叶比、干鲜比与干草产量的相关性系数分别为 0.129 和−0.081，均未达到显著水平（$P>0.05$）。相关性分析结果表明，对紫花苜蓿草产量影响的大小顺序为茎秆直径>枝条数>枝条长度>茎叶比>干鲜比。

表 6-3　相关性分析

指标	枝条数	枝条长度	茎秆直径	茎叶比	干鲜比
产量	0.685**	0.471*	0.791**	0.129	−0.081

注：* 表示在 0.05 水平显著相关，** 表示在 0.01 水平极显著相关。

6.3 讨论与结论

6.3.1 讨论

植物在整个生长过程中对营养的需求不是均衡的，在生长高峰期需要更多的养分供应。植物对养分的需求也是存在最低和最高阈值的，土壤中的养分过低，植物生长会受到限制，相反，养分过高则会对植物造成负面影响，同时过剩的养分随降水扩散至地下或地表径流，污染生态环境。因此，适宜的施肥水平能够使紫花苜蓿拥有良好的生物学特性并维持较高的产草量。有研究认为，增加施肥量会促进茎秆直径的增加。本研究发现，施肥对各茬紫花苜蓿茎秆直径增加均有促进作用，施肥量为 918.75kg/hm² 时可显著提高第二茬紫花苜蓿茎秆直径。本研究还发现，增加施肥量可显著增加紫花苜蓿第一茬枝条长度，对第二茬、第三茬无显著影响。第一茬、第二茬枝条数随着施肥量的增加而增加，这与 Cherney 等（1994）的研究结果相似。而施肥量对干鲜比无显著影响，主要是由于紫花苜蓿已进入生育后期，肥效不明显所致。紫花苜蓿具有很强的再生能力，生长速率表示单位时间内植株高度的变化，可以反映生长能力。本研究结果表明，在 4月26日至5月9日、5月16—30日两个时期内，高施肥水平（W_5）处理下，苜蓿生长速率处于最低水平，这主要是由于科尔沁沙地春季低温时间较长，根瘤菌的活性受到抑制，在这种情况下，少量的施肥能够保证紫花苜蓿的生长发育，反之，施肥水平过高则会降低紫花苜蓿的再生与竞争能力。第二茬、第三茬紫花苜蓿在第一个生长观测期（6月19—26日、8月3—10日）的生长速率明显高于后两个时期。这主要是由于这一时期水热充沛，肥料施用后在初期迅速释放分解，被根系吸收利用，肥效作用明显。

产草量是衡量紫花苜蓿经济价值的重要指标，施肥又是充分发挥紫花苜蓿植株生长潜能、提高其饲草产量的有效手段。有研究表明，种植当年施肥可显著提高紫花苜蓿产量，而施肥量过少和过多都会导致其产量降低。本研究中紫花苜蓿干草总产量随施肥量的增加而呈现先增后减的趋势，遵循报酬递减规律，在施肥量为 656.25kg/hm² 时紫花苜蓿干草总产量最高，达到 17 218.9kg/hm²，与姚瑶（2017）的研究和结果一致。过多施肥造成产量降低，可能是由于肥料中氮对紫花苜蓿表现出负效应所致。有研究表明，紫花苜蓿春季第一茬的产草量最高，此后呈现持续下降趋势，春季产草量占年总产草量的 58.6%~64.9%。本研究中得出相似结论，即三茬紫花苜蓿的干草产量大小为第一茬>第二茬>第三茬，第一茬紫花苜蓿干草产量占年总产草量的 40.44%~46.53%。

牧草的产量是由多种产量构成因子彼此协调的结果，每一个因子对产量的贡献不同，因子间是相互制约、相互促进的，当所有因子均达到最佳平衡状态时可获得最大产量。有研究认为产草量受株高、茎秆直径、叶片大小、分枝数、适宜刈割期、刈割频次、留茬高度等因素的影响，且各因素与产量的相关性是该因素的直接作用和间接作用的总和。Rumbough（1963）最早尝试通过相关分析法来探究紫花苜蓿产量构成因子，认为株高、单株茎数、冠层宽度与紫花苜蓿草产量有关。本研究发现，枝条长、茎秆粗壮、枝条数多的紫花苜蓿往往具有较高的干草产量，相关性分析也表明，对紫花苜蓿干草产量贡献大小依次为茎秆直径、枝条数、枝条长度,这与韩路(2002)的研究结果一致。因此,要想紫花苜蓿在产草量上有突破,应重点选择植株高大、茎秆直径、侧枝数多的材料。

6.3.2 结论

增加施肥量可促进第一茬紫花苜蓿枝条长度、枝条数,第二茬紫花苜蓿茎秆直径、枝条数,提高干草产量。而在第三茬可降低施肥量以维持较高的枝条数进而提高干草产量。建议施肥量为返青施肥 375kg/hm^2(N 60kg/hm^2、P_2O_5 56.25kg/hm^2、K_2O 56.25kg/hm^2),第一次刈割施肥 131.25kg/hm^2(N 21kg/hm^2、P_2O_5 19.687 5kg/hm^2、K_2O 19.687 5kg/hm^2),第二次刈割施肥 150kg/hm^2(N 24kg/hm^2、P_2O_5 22.5kg/hm^2、K_2O 22.5kg/hm^2)。施肥总量 656.25kg/hm^2(N 105kg/hm^2、P_2O_5 98.437 5kg/hm^2、K_2O 98.437 5kg/hm^2)。

7 施肥量与施肥频率对紫花苜蓿茎秆直径及长度的影响

紫花苜蓿因其具有营养价值高、适应性强、根系发达等特点在我国被广泛栽培。科尔沁沙地是内蒙古中东部的主要畜牧业生产基地，也是我国主要的紫花苜蓿种植基地。栽培紫花苜蓿不仅能够改良土壤，还能够为畜禽提供优质的饲草料。随着"粮改饲"工作的推进，紫花苜蓿的种植面积也在不断增加。科尔沁沙地地处我国北方农牧交错带，该地区土地面积辽阔、地下水资源丰富，然而草地退化严重，因此，在该地区建植紫花苜蓿草地发展苜蓿草产业是改善当地生态环境、促进经济发展的重要途径。

自 20 世纪 90 年代以来，我国化肥施用总量一直居世界首位，单位面积化肥用量也远远高于世界平均水平。当前人们为了增加作物产量，大量施用化肥，肥料的施用量逐年呈指数型增长，2010 年我国农用化肥施用强度达到 $457kg/hm^2$，过量施用的化肥已达到总施用量的 30%~50%，导致土壤肥料的残留量增加，利用效率降低；土壤养分的过量流失以及土壤理化性质变差使得土壤质量退化；土壤中残留的养分也会随水分向下淋溶，从而导致环境污染。虽然化肥的用量不断增加，但同期的作物产量增加得并不多，从而使化肥的利用效率成为关注的焦点，张福锁等（2008）认为，造成我国肥料利用率低的主要原因是过量的施肥和不合理的施肥。施肥是生产高产优质紫花苜蓿的一项重要措施，大量研究表明，肥料的施用对紫花苜蓿的茎秆长度与直径等农艺性状有显著影响。

研究紫花苜蓿的茎秆长度与茎秆直径对施肥量和施肥频率的响应，将为探明施肥量、施肥频率和紫花苜蓿生长之间的联系、确定合理施肥管理方式提供理论依据。紫花苜蓿的茎秆长度与茎秆直径对其的光能利用率、抗倒伏能力、物质积累和品质方面都有重要影响，这些都在一定程度上反映了紫花苜蓿在不同处理下的生长发育状况。因此，本章以紫花苜蓿为研究对象，分析其在不同施肥量与施肥频率下茎秆长度、茎秆直径和长粗比的变化规律及差异，以期为提高科尔沁沙地苜蓿科学合理施肥、保持高产优质提供理论依据。

7.1 材料与方法

7.1.1 试验地概况

试验地位于内蒙古蒙草生态牧场（通辽）有限公司种质资源圃（N44.40°，E121.31°，海拔214m），年均气温 6.6℃，年均日照时数 2 882.7h，无霜期 139d，春旱多风，年均降水量 382.5mm，主要集中在 7—8 月，年均蒸发量 1 957mm，≥10℃的年均有效积温 3 192℃。

7.1.2 试验材料

该试验所选紫花苜蓿品种为草原三号，2016 年 7 月播种，播种量为 22.5kg/hm²，行距 15cm，2017 年开始试验处理。供试肥料为当地紫花苜蓿生产所用复合肥。

7.1.3 试验设计

该试验为施肥量与施肥频率双因素随机区组试验，施肥量设置 5 个水平（W 表示施肥量）：40kg/亩（W_1）、50kg/亩（W_2）、60kg/亩（W_3）、70kg/亩（W_4）、80kg/亩（W_5），施肥频率设置 3 个水平（T 表示施肥频率）：4 次（T_1）、6 次（T_2）、8 次（T_3），共 15 种组合，每个组合 5 个重复，共设置 75 个小区。

T_1：共计施肥 4 次，正常施肥，第一次为返青施肥，每次刈割之后进行施肥（第一次 1/2W、第二次 1/8W、第三次 1/4W、第四次 1/8W）。

T_2：共计施肥 6 次，每次施肥量为 1/6W，第一次为返青施肥，第二至第六次施肥时间为从返青到越冬之间的均分时间点。

T_3：共计 8 次施肥（第一次 1/4W、第二次 1/4W、第三次 1/16W、第四次 1/16W、第五次 1/8W、第六次 1/8W、第七次 1/16W、第八次 1/16W），第一次为返青施肥，第二至第八次施肥时间为从返青到越冬之间的均分时间点。

7.1.4 测定指标及方法

在每个小区内选取 0.25m² 能够反映整个小区紫花苜蓿生长状况、长势均匀的紫花苜蓿进行取样，留茬高度为 4cm 左右，随机选择 8 株紫花苜蓿枝条，用游标卡尺测量（距刈割位置 1.5cm 处）茎秆直径，用卷尺测量刈割后茎秆的自然长度并计算茎秆长粗比。

$$长粗比 = 茎秆自然长度 / 茎秆直径$$

7.1.5 数据统计

数据采用 Excel 2003 进行图表绘制和构建紫花苜蓿茎秆直径与茎秆自然长度线性方程，用 SPSS 19.0 进行茎秆直径与茎秆自然长度的相关性分析。用 DPS 9.5 对三茬紫花苜蓿施肥量与施肥频率处理的结果进行方差分析。

7.2 结果与分析

7.2.1 不同处理方式对第一茬紫花苜蓿茎秆长度与茎秆直径的影响

由图 7-1 可知，在 W_1 条件下，随着施肥频率的增加，紫花苜蓿茎秆直径逐渐增加，且 T_3 处理显著高于 T_1 处理（$P < 0.05$）；施肥频率对紫花苜蓿茎秆长度无显著影响。在 W_2 条件下，增加施肥频率使茎秆直径与茎秆长度逐渐下降，且 T_1 处理茎秆直

径与茎秆长度均显著高于 T_3 处理（$P<0.05$）。在 W_3 条件下，增加施肥频率对茎秆长度无显著影响，T_2 处理的茎秆直径要显著高于 T_1、T_3 处理（$P<0.05$）。在 W_4 条件下，施肥频率对茎秆直径无显著影响（$P>0.05$），T_2 处理的茎秆长度要显著低于 T_1 处理（$P<0.05$）。在 W_5 条件下，增加施肥频率使茎秆长度逐渐下降，T_1 处理显著高于 T_3 处理（$P<0.05$）；T_2 处理茎秆直径显著低于 T_1 处理（$P<0.05$）。

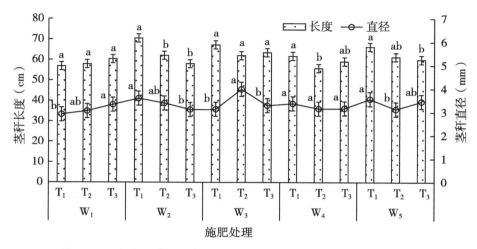

图 7-1 不同处理方式对第一茬紫花苜蓿茎秆长度与茎秆直径的影响

注：不同字母表示不同处理间在 0.05 水平差异显著（$P<0.05$），下同。

7.2.2 不同处理方式对第二茬紫花苜蓿茎秆长度与茎秆直径的影响

由图 7-2 可知，在 W_1 条件下，随着施肥频率的增加茎秆直径与茎秆长度的变化趋势刚好相反，T_2 处理茎秆直径显著高于 T_1、T_3 处理，T_2 处理的茎秆长度显著低于 T_1 处理（$P<0.05$）。在 W_2、W_3、W_4 条件下，施肥频率对茎秆长度无显著影响（$P>0.05$）；W_2 时 T_3 处理的茎秆直径显著高于 T_1、T_2 处理（$P<0.05$），W_3 时 T_2 处理茎秆直径显著高于 T_1、T_3 处理（$P<0.05$），W_4 时 T_3 处理的茎秆直径显著低于 T_1、T_2 处理（$P<0.05$）。W_5 时 T_1 处理的茎秆长度显著高于 T_2、T_3 处理（$P<0.05$）；T_3 处理的茎秆直径显著高于 T_2 处理（$P<0.05$）。

7.2.3 不同处理方式对第三茬紫花苜蓿茎秆长度与茎秆直径的影响

由图 7-3 可知，在 W_1 条件下，茎秆直径随着施肥频率的增加而降低，且 T_1 处理要显著高于 T_2、T_3 处理（$P<0.05$）；茎秆长度呈现先下降后上升的趋势，且 T_2 处理要显著低于 T_1、T_3 处理（$P<0.05$）。在 W_2、W_3、W_4、W_5 条件下，茎秆直径均表现为先下降后上升的趋势，且 T_2 处理均要显著低于 T_1、T_3 处理（$P<0.05$）；W_2 条件对茎秆长度无显著影响（$P>0.05$），W_3 条件下 T_2 处理的茎秆长度要显著高于 T_3、T_1 处理（$P<0.05$），W_4 条件下 T_2 处理的茎秆长度要显著低于 T_1、T_3 处理（$P<0.05$），W_5 条件下 T_1、T_2 处理的茎秆长度显著低于 T_3 处理（$P<0.05$）。

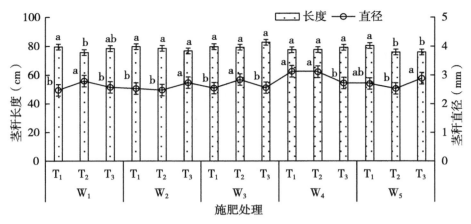

图 7-2　不同处理方式对第二茬紫花苜蓿茎秆长度与茎秆直径的影响

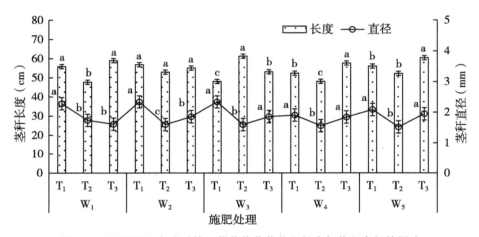

图 7-3　不同处理方式对第三茬紫花苜蓿茎秆长度与茎秆直径的影响

7.2.4　茎秆直径和茎秆长度的线性模型及相关性分析

由 Pearson 相关性分析可知，茎秆直径与茎秆长度在不同茬次以及整个生育期内极显著相关（$P<0.01$）。通过建立茎秆直径与茎秆长度在不同时期的线性方程，进一步阐明了紫花苜蓿在不同茬次以及整个生育期内，茎秆直径与茎秆长度之间的变化规律（表 7-1）。

表 7-1　茎秆直径和茎秆长度线性模型及相关性分析

项目	样本数（株）	方程	R^2	显著性
全生育期	225	$y=0.081\ 8x+55.830$	0.460	**
第一茬	75	$y=0.200\ 3x+55.079$	0.537	**
第二茬	75	$y=0.111\ 2x+73.200$	0.451	**
第三茬	75	$y=0.116\ 2x+50.684$	0.361	**

注：x 表示茎秆直径，y 表示茎秆长度，** 表示在 0.01 水平下显著相关。

7.2.5　不同处理对紫花苜蓿茎秆长粗比的影响

茎秆长粗比越大说明茎秆长度越长且茎秆直径越短。三茬紫花苜蓿茎秆长粗比平均值分别为 186.68、291.70、298.80。第一茬紫花苜蓿茎秆长粗比在 W_3T_1 处理下出现最大值，为 215.60；在 W_3T_2 处理下出现最小值，为 155.70；其他各处理间无显著差异（$P>0.05$）。第二茬紫花苜蓿长粗比在 W_2T_2 处理下出现最大值，为 317.98；在 W_4T_1 处理下出现最小值，为 228.62。第二茬紫花苜蓿长粗比的变化说明在相同施肥量下，施肥频率对茎秆长粗比也存在一定影响。第三茬苜蓿长粗比在 W_3T_2 处理下出现最大值，为 399.57；在 W_3T_1 处理下出现最小值，为 242.00。并且当施肥量为 W_4 时，增加施肥频率对茎秆长粗比无显著影响（$P>0.05$）（表 7-2）。

表 7-2　施肥量与施肥频率对紫花苜蓿茎秆长粗比的影响

处理		第一茬	第二茬	第三茬
W_1	T_1	195.63±11.44abA	314.14±11.11aA	245.31±5.95eB
	T_2	189.31±12.10abA	281.42±7.97 def B	275.61±24.88deB
	T_3	181.59±6.60bcA	292.31±11.93abcA	369.06±32.87abA
W_2	T_1	196.10±8.73abA	292.36±18.1abA	244.36±10.17eB
	T_2	183.53±10.17bcA	317.98±0.90abA	336.19±38.54bcA
	T_3	186.90±25.51bA	289.99±10.27cdeB	297.32±9.09cdeA
W_3	T_1	215.60±15.65aA	310.85±13.06abA	242.00±20.37eB
	T_2	155.70±5.25cB	293.75±11.63cdeB	399.57±49.58aA
	T_3	193.41±9.54abA	316.76±11.06aA	244.08±10.58eB
W_4	T_1	183.24±11.42bcA	228.62±14.36f B	275.50±25.19deA
	T_2	176.82±3.41bcA	233.61±11.48f B	308.84±11.92cdA
	T_3	186.72±1.21bA	307.17±12.03bcdA	313.75±11.89bcdA
W_5	T_1	186.02±4.83bA	309.30±10.88abcA	270.65±22.83deB
	T_2	196.25±16.37abA	313.96±11.43abcA	344.31±7.20bcA
	T_3	173.43±10.57bcA	255.38±6.02efB	315.46±38.65bcdAB

注：同列小写字母不同表示各施肥量与施肥频率处理间差异显著（$P<0.05$）；同列大写字母不同表示在相同施肥量下不同施肥频率处理间差异显著（$P<0.05$）。

7.3　讨论与结论

7.3.1　讨论

植株对资源的利用在生长发育阶段主要体现在植株茎秆粗度和茎秆长度上。茎秆的伸长生长是作物对光的竞争能力的直接体现。茎秆长度在一定程度上决定了紫花苜蓿冠层对光的截获能力和光能利用率。随着茎秆直径的增加会增加干物质的积累并且使细胞壁加厚从而增强茎秆的机械强度，提高其抗倒伏能力。茎秆直径与茎秆长度是衡量紫花苜蓿茎秆株型的重要指标，优良的株型能够使紫花苜蓿保持最佳的生长状态。

魏云洁等（2015）对龙胆的研究发现，增加施肥量会增加茎秆长度和茎秆直径，对植物的生长有促进作用。本研究结果表明，在施肥频率为 4 次（T_1）时，随着施肥量的增加，第一茬紫花苜蓿茎秆长度表现出先上升后下降的趋势，并且 W_2、W_3、W_4、W_5 的茎秆长度在施肥频率为 T_1 时均要高于 W_1。说明施肥量的增加会对茎秆长度有一定的促进作用。

李云等（2009）对康乃馨的研究发现，随着施肥量的增大，植株越来越高。本研究结果表明，在施肥量为 80kg/亩（W_5）时，增加施肥频率会降低第二茬紫花苜蓿茎秆长度，降低了肥料的利用率；在施肥总量为 50（W_2）~70kg/亩（W_4）时，施肥频率对茎秆长度无影响，说明第二茬紫花苜蓿生长期间肥料对茎秆长度的影响不占主导地位，可能是因为在该时期，气温回升、降水增加、光照充足，增强了紫花苜蓿的光合作用，水肥的配合提高了肥料的利用率，肥料的高效利用导致紫花苜蓿茎秆徒长，从而降低了茎秆直径。

周艳等（2011）研究发现，小麦对肥料的吸收存在阶段性，在整个生育期内不同生阶段对肥料的需求不同。在该研究中，从第三茬紫花苜蓿茎秆长度与茎秆直径的变化规律中可以发现，除 W_1 处理外，在其他施肥量下 T_2 处理茎秆直径均要低于 T_1、T_3 处理，并且第三茬紫花苜蓿在 W_1、W_2、W_4、W_5 处理下茎秆长度随施肥频率的增加均呈现先下降后上升的趋势，说明紫花苜蓿茎秆在不同生长时期对物质积累的方向不同，施肥频率过高或过低对茎秆生长的促进作用较强。

7.3.2 结论

通过对三茬紫花苜蓿茎秆长粗比、茎秆直径和茎秆长度数据的综合分析可以得出，三茬紫花苜蓿的长粗比平均值变化为第一茬<第二茬<第三茬，第二茬与第三茬紫花苜蓿的茎秆长粗比相近；茎秆直径的平均值变化为第一茬>第二茬>第三茬；茎秆长度的总体变化为第二茬>第一茬>第三茬。本研究通过构建紫花苜蓿茎秆长度与茎秆直径的线性方程进一步明确了紫花苜蓿茎秆直径与茎秆长度之间的变化规律，证实了二者之间存在显著的线性相关性。

参考文献

敖雪，谢甫绨，刘婧琦，等，2009. 不同磷效率大豆品种光合特性的比较 [J]. 作物学报，35（3）：522-529.

白文明，2002. 灌溉对干旱沙区紫花苜蓿生物学特性的影响 [J]. 生态学报（8）：1247-1253.

鲍士旦，2000. 土壤农化分析 [M]. 北京：中国农业出版社.

蔡柏岩，葛菁萍，祖伟，2008. 磷素水平对不同大豆品种产量和品质的影响 [J]. 植物营养与肥料学报，14（1）：65-70.

蔡国军，张仁陟，柴春山，2012. 半干旱黄土丘陵区施肥对退耕地紫花苜蓿生物量的影响 [J]. 草业学报，21（5）：204-212.

曹静娟，尚占环，郭瑞英，等，2011. 开垦和弃耕对黑河上游亚高山草甸土壤氮库的影响 [J]. 干旱区资源与环境，25（4）：171-175.

陈玲玲，杨秀芳，乌艳红，等，2012. 35 个紫花苜蓿品种在内蒙古赤峰地区的生产性能评价 [J]. 草业科学，29（5）：790-797.

陈萍，2012. 不同水分胁迫处理下紫花苜蓿生长和品质的研究 [D]. 杨凌：西北农林科技大学.

陈艳，王之盛，张晓明，等，2015. 常用粗饲料营养成分和饲用价值分析 [J]. 草业学报，24（5）：117-125.

陈远学，李汉邶，周涛，等，2013. 施磷对间套作玉米叶面积指数、干物质积累分配及磷肥利用效率的影响 [J]. 应用生态学报，24（10）：2799-2806.

崔静，陈云明，黄佳健，等，2012. 黄土丘陵半干旱区人工柠条林土壤固碳特征及其影响因素 [J]. 中国生态农业学报，20（9）：1197-1203.

邓忠，白丹，翟国亮，等，2011. 施肥方式和施氮量对棉花地上部分干物质积累、产量和品质的影响 [J]. 华北农学报，26（3）：224-230.

丁宁，2011. 河北坝上地区紫花苜蓿和羊草耗水规律的研究 [D]. 北京：中国农业大学.

董国锋，成自勇，张自和，等，2006. 调亏灌溉对苜蓿水分利用效率和品质的影响 [J]. 农业工程学报，22（5）：201-203.

董世魁，蒲小鹏，胡自治，2013. 青藏高原高寒人工草地生产-生态范式 [M]. 北京：科学出版社.

杜心田，王同朝，2003. 作物密度效应递增律及其意义 [J]. 河南科学，21（6）：733-737.

段亮，段增强，夏四清，2006. 太湖旱地非点源污染定量化研究 [J]. 水土保持通报（6）：40-43.

范富，张宁，张庆国，等，2007. 施肥对敖汉苜蓿鲜草产量及营养成分的影响 [J]. 中国草地学报，29（5）：36-42.

范秀艳，杨恒山，高聚林，等，2013. 施磷方式对高产春玉米磷素养分吸收与磷肥利用的影响 [J]. 植物营养与肥料学报，19（2）：312-319.

冯琳，顾惠敏，叶祖鹏，等，2018. 不同基因型棉花根系对局部供磷的响应特征 [J]. 植物营养与肥料学报，24（5）：1303-1312.

高祥照，马文奇，杜森，等，2001. 我国施肥中存在问题的分析 [J]. 土壤通报，32（6）：258-261.

葛新伟，张霞，王锐，等，2017. 滴灌条件下酿酒葡萄园土壤速效养分和水分迁移特征 [J]. 节水灌溉，34（12）：52-55.

耿慧，徐安凯，栾博宇，等，2012. 不同灌水量对当年播种紫花苜蓿生长的影响 [J]. 山东农业科学，44（9）：51-53.

郭全忠，2013. 不同灌水量对设施番茄土壤养分和水分在土壤剖面中迁移的影响 [J]. 西北农业学报，22（4）：153-158.

郭彦军，倪郁，韩建国，2010. 农牧交错带人工种草对土壤磷素有效性的影响 [J]. 草业学报，19（2）：169-174.

韩德梁，曾会明，梁小红，等，2008. 三种供水处理对紫花苜蓿播种当年生长及品质的影响 [J]. 中国草地学报，30（5）：59-64.

韩路，2002. 不同苜蓿品种的生产性能分析及评价 [D]. 杨凌：西北农林科技大学.

韩清芳，贾志宽，王俊鹏，2005. 国内外苜蓿产业发展现状与前景分析 [J]. 草业科学，22（3）：22-25。

韩雪松，1999. 不同施肥条件对紫花苜蓿性状及磷元素转化吸收影响的研究 [D]. 北京：中国农业大学.

郝凤，刘晓静，齐敏兴，等，2015. 磷水平和接根瘤菌对紫花苜蓿根系形态特征和根瘤固氮特性的影响 [J]. 草地学报，23（4）：818-822.

郝培彤，李玉龙，宁亚明，等，2018. 不同干旱处理对科尔沁沙地不同苜蓿品种生产性能的影响 [J]. 草地学报，26（6）：1368-1373.

郝培彤，宁亚明，高秋，等，2019. 科尔沁沙地不同苜蓿品种越冬期根颈耐寒生理机制的研究 [J]. 草业学报，28（9）：87-95.

河南农业大学牧医工程学院，2005. 紫花苜蓿的营养价值及应用研究进展 [J]. 中国饲料（1）：15-16.

洪绂曾，2009. 苜蓿科学 [M]. 北京：中国农业出版社.

胡发成，2005. 种植苜蓿改良培肥地力的研究初报 [J]. 草业科学，22（8）：47-49.

黄菊莹，余海龙，王丽丽，等，2017. 不同氮磷比处理对甘草生长与生态化学计量特征的影响 [J]. 植物生态学报，41（3）：325-336.

霍海丽, 王琦, 张恩和, 等, 2014. 灌溉和施磷对紫花苜蓿干草产量及营养成分的影响 [J]. 水土保持研究, 21 (1): 117-121.

霍娜, 2015. 水钾互作对土壤钾含量和玉米生长的影响 [D]. 太原: 山西大学.

姜慧新, 刘栋, 翟桂玉, 等, 2012. 氮磷钾配合施肥对紫花苜蓿产草量的影响 [J]. 草业科学, 29 (9): 1441-1445.

姜慧新, 沈益新, 翟桂玉, 等, 2009. 施磷对紫花苜蓿分枝生长及产草量的影响 [J]. 草地学报, 17 (5): 588-592.

金晶炜, 范富, 熊俊芬, 等, 2007. 氮、磷、钾肥互作效应与紫花苜蓿产量的相关性研究 [J]. 云南农业大学学报 (5): 719-722.

李传桐, 张广现, 2013. 农业面源污染背后的农户行为——基于山东省昌乐县调查数据的面板分析 [J]. 地域研究与开发, 32 (1): 143-146, 164.

李法计, 徐学欣, 何中虎, 等, 2018. 三种限水灌溉水平下'中麦175'干物质积累与水分利用特性解析 [J]. 中国农业科学, 51 (2): 374-385.

李伏生, 陆申年, 2000. 灌溉施肥的研究和应用 [J]. 植物营养与肥料学报, 6 (2): 233-242.

李改英, 高腾云, 刘保国, 等, 2010. 苜蓿青贮饲料在奶牛饲养中的研究进展 [J]. 中国牛业科学, 36 (1): 47-49.

李海云, 张建贵, 姚拓, 等, 2018. 退化高寒草地土壤养分、酶活性及生态化学计量特征 [J]. 水土保持学报, 32 (5): 287-295.

李积智, 韩连冰, 陈雅萍, 2008. 混合施肥对苜蓿鲜草产量的影响 [J]. 黑龙江畜牧兽医 (11): 52-53.

李茂娜, 2018. 圆形喷灌机条件下苜蓿水氮高效管理及灌溉决策系统的研究 [D]. 北京: 中国农业大学.

李新乐, 侯向阳, 穆怀彬, 2013. 不同降水年型灌溉模式对苜蓿草产量及土壤水分动态的影响 [J]. 中国草地学报, 35 (5): 46-52.

李扬, 孙洪仁, 沈月, 等, 2012. 紫花苜蓿根系生物量垂直分布规律 [J]. 草地学报, 20 (5): 793-799.

李一春, 余海龙, 王攀, 等, 2020. 降水量对荒漠草原植物群落多样性和碳: 氮: 磷生态化学计量特征的影响 [J]. 中国草地学报, 42 (1): 117-126.

李银科, 马全林, 王耀琳, 等, 2015. 景电灌区次生盐渍化土地枸杞林的土壤特征研究 [J]. 草业学报, 24 (5): 66-74.

李玉珠, 吴芳, 师尚礼, 等, 2019. 河西走廊13个引进紫花苜蓿品种生产性能和营养价值评 [J]. 干旱地区农业研究, 37 (5): 119-129.

李云, 宋吉轩, 2009. 不同施肥水平对康乃馨产量的影响 [J]. 耕作与栽培 (1): 37-39.

李自林, 2013. 我国农业面源污染现状及其对策研究 [J]. 干旱地区农业研究, 31 (5): 207-212.

栗丽, 洪坚平, 王宏庭, 等, 2010. 施氮与灌水对夏玉米土壤硝态氮积累、氮素平衡及其利用率的影响 [J]. 植物营养与肥料学报, 16 (6): 1358-1365.

栗忠飞, 郭盘江, 刘文胜, 等, 2013. 哀牢山常绿阔叶林幼树碳、氮、磷生态化学计量特征 [J]. 东北林业大学学报, 41 (4): 22-26.

梁庆伟, 张晴晴, 娜日苏, 等, 2018. 28 个紫花苜蓿品种在阿鲁科尔沁旗的生产性能评价 [J]. 黑龙江畜牧兽医 (23): 130-137.

蔺芳, 刘晓静, 张家洋, 2019. 紫花苜蓿与多年生黑麦草不同种植模式下沙化土壤碳、氮含量和酶活性研究 [J]. 草原与草坪, 39 (3): 43-49.

刘存辉, 2006. 耐低磷基因型玉米磷高效利用机理研究 [D]. 泰安: 山东农业大学.

刘让元, 2010. 苜蓿的药用价值 [J]. 中国食物与营养 (7): 76-77.

刘世全, 曹红霞, 张建青, 等, 2014. 不同水氮供应对小南瓜根系生长、产量和水氮利用效率的影响 [J]. 中国农业科学, 47 (7): 1362-1371.

刘晓静, 刘艳楠, 蒯佳林, 等, 2011. 供氮水平对不同紫花苜蓿产量及品质的影响 [J]. 草地学报, 35 (4): 702-707.

刘晓静, 张进霞, 李文卿, 等, 2014. 施肥及刈割对干旱地区紫花苜蓿产量和品质的影响 [J]. 中国沙漠, 34 (6): 1516-1526.

刘艳楠, 刘晓静, 张晓磊, 等, 2013. 施肥与刈割对不同紫花苜蓿品种生产性能的影响 [J]. 草原与草坪, 33 (3): 69-73.

刘震, 刘金祥, 张世伟, 2008. 刈割对豆科牧草的影响 [J]. 草业科学, 25 (8): 79-84.

卢宝安, 韩师洪, 张炜, 等, 2016. 不同施肥量与不同施肥次数对麻山药产量的影响 [J]. 天津农林科技 (3): 17-19.

卢欣石, 2013. 中国苜蓿产业发展问题 [J]. 中国草地学报, 35 (5): 1-5.

鲁鸿佩, 孙爱华, 2008. 临夏地区紫花苜蓿病虫害发生现状调查及其防治对策 [J]. 草业科学, 25 (7): 130-134.

鲁如坤, 时正无, 钱承梁, 2000. 磷在土壤中有效性的衰减 [J]. 土壤学报, 37 (3): 323-329.

吕鹏, 张吉旺, 刘伟, 等, 2011. 施氮量对超高产夏玉米产量及氮素吸收利用的影响 [J]. 植物营养与肥料学报, 17 (4): 852-860.

罗旭辉, 黄水珍, 谢善松, 等, 2012. 中亚热带区不同秋眠级紫花苜蓿品种生产性能比较 [J]. 草原与草坪, 32 (1): 54-57.

骆兰平, 于振文, 王东, 等, 2011. 土壤水分和种植密度对小麦旗叶光合性能和干物质积累与分配的影响 [J]. 作物学报, 37 (6): 1049-1059.

马鄂超, 何江勇, 杨国江, 2007. 棉花膜下滴灌施肥技术 [J]. 新疆农垦科技 (5): 67-69.

马力, 周鹏, 安渊, 等, 2014. 非秋眠和半秋眠紫花苜蓿品种在华东冬闲田的生长规律和营养动态 [J]. 中国草地学报, 36 (5): 38-45.

马霞, 王丽丽, 李卫军, 等, 2013. 不同施氮水平下接种根瘤菌对苜蓿固氮效能及种子生产的影响［J］．草业学报，22（1）：95-102.

马彦麟，2018．水分调控对荒漠灌区地下滴灌紫花苜蓿产量、品质及土壤环境的影响［D］．兰州：甘肃农业大学．

马永跃，王维奇，2011．闽江河口区稻田土壤和植物的碳、氮、磷含量及其生态化学计量比［J］．亚热带农业研究，7（3）：182-187.

苗晓茸，孙艳梅，于磊，等，2019．氮磷互作对不同茬次滴灌苜蓿生产性能及营养品质的影响［J］．草业学报，28（9）：55-66.

彭文栋，牛海文，董其军，等，1994．水地紫花苜蓿草地氮磷配比试验效益分析［J］．草业科学，11（6）：39-41.

平川，王传宽，全先奎，2014．环境变化对兴安落叶松氮磷化学计量特征的影响［J］．生态学报，34（8）：1965-1974.

青烨，孙飞达，李勇，等，2015．若尔盖高寒退化湿地土壤碳氮磷比及相关性分析［J］．草业学报，24（3）：38-47.

任爱天，鲁为华，杨洁晶，等，2014．不同磷水平下 AM 真菌对紫花苜蓿生长和磷利用的影响［J］．中国草地学报，36（6）：72-78.

荣楠，韩永亮，荣湘民，等，2017．油菜 NO_3^- 的吸收、分配及氮利用效率对低氮胁迫的响应［J］．植物营养与肥料学报，23（4）：1104-1111.

宋春，韩晓增，2009．长期施肥条件下土壤磷素的研究进展［J］．土壤，41（1）：21-26.

苏永中，刘文杰，杨荣，等，2009．河西走廊中段绿洲退化土地退耕种植苜蓿的固碳效应［J］．生态学报，29（12）：6385-6391.

孙浩，王显国，张玉霞，等，2016．施磷对科尔沁沙地苜蓿产量和品质的影响［C］//中国草学会第九次全国会员代表大会暨学术讨论会论文集，193-199.

孙洪仁，马令法，何淑玲，等，2008．灌溉量对紫花苜蓿水分利用效率和耗水系数的影响［J］．草地学报，16（6）：635-638.

孙虎威，王文亮，刘尚俊，等，2014．低氮胁迫下水稻根系的发生及生长素的响应［J］．土壤学报，51（5）：1096-1102.

孙晓娥，孟宪法，刘兆普，等，2013．氮磷互作对菊芋块茎产量和品质的影响［J］．生态学杂志，32（2）：363-367.

单贵莲，薛世明，郭盼，等，2012．刈割时期和调制方法对紫花苜蓿干草质量的影响［J］．中国草地学报，34（3）：28-33.

邰继承，张丽妍，杨恒山，2009．种植年限对紫花苜蓿栽培草地草产量及土壤氮、磷、钾含量的影响［J］．草业科学，26（12）：82-86.

唐丽媛，李从锋，马玮，等，2012．渐密种植条件下玉米植株形态特征及其相关性分析［J］．作物学报，38（8）：1529-1537.

陶冶，张元明，周晓兵，2016．伊犁野果林浅层土壤养分生态化学计量特征及其影响因素［J］．应用生态学报，27（7）：2239-2248.

陶贞，张胜华，解晨骥，等，2013．草原土壤有机碳含量的控制因素［J］．生态学报，33（9）：2684-2694.

田霄鸿，聂刚，李生秀，2002. 不同土壤层次供应水分和养分对玉米幼苗生长和吸收养分的影响 [J]. 土壤通报，33（4）：263-267.

汪精海，齐广平，康燕霞，等，2017. 干旱半干旱地区紫花苜蓿营养品质对水分胁迫的响应 [J]. 草业科学，34（1）：112-118.

汪诗平，陈默君，1992. 磷肥对苜蓿生产性能和品质的影响 [J]. 中国草地（6）：66-69.

王建林，钟志明，王忠红，等，2014. 青藏高原高寒草原生态系统土壤碳磷比的分布特征 [J]. 草业学报，23（2）：9-19.

王贤丽，2006. 耐低磷玉米自交系磷营养特征 [D]. 济南：山东大学.

王轶浩，耿养会，黄仲华，2013. 三峡库区紫色土植被恢复过程的土壤团粒组成及分形特征 [J]. 生态学报，33（18）：5493-5499.

王云玲，王晓玉，李茂娜，等，2016. 喷灌条件下灌水量对建植初期紫花苜蓿产量与品质的影响 [J]. 节水灌溉（8）：104-108.

王忠，1999. 植物生理学 [M]. 北京：中国农业出版社.

魏云洁，张舒娜，张亚玉，2015. 不同种植密度和基肥对龙胆某些农艺性状的影响 [J]. 中国林副特产（5）：7-9.

魏臻武，符昕，曹致中，等，2007. 苜蓿生长特性和产草量关系的研究 [J]. 草业学报，16（4）：1-8.

魏志标，柏兆海，马林，等，2018. 中国苜蓿、黑麦草和燕麦草产量差及影响因素 [J]. 中国农业科学，51（3）：507-522.

文霞，2010. 水肥对紫花苜蓿生产性能和品质的影响研究 [D]. 兰州：兰州大学.

吴兴荣，华根福，莫树志，2012. 新疆北部苜蓿耗水规律及灌溉制度研究 [J]. 节水灌溉（2）：38-40.

伍文琪，罗贤，黄玮，等，2018. 云南省水资源承载力评价与时空分布特征研究 [J]. 长江流域资源与环境，27（7）：1517-1524.

奚振邦，2003. 现代化学肥料学 [M]. 北京：中国农业出版社.

席天元，李永山，谢三刚，等，2016. 分层施磷对冬小麦生长及产量的影响 [J]. 中国农业科技导报，18（3）：112-118.

项大力，2009. 关中农田土壤磷素淋失研究 [D]. 杨凌：西北农林科技大学.

肖玉，贾婷婷，李天银，等，2015. 交替沟灌对紫花苜蓿产量和品质的影响 [J]. 中国草地学报，37（6）：42-48.

谢玉保，2013. 苜蓿的播种、田间管理及利用方式 [J]. 种植与环境（1）：208-209.

邢会敏，徐新刚，冯海宽，等，2016. 基于 AquaCrop 模型的北京地区冬小麦水分利用效率 [J]. 中国农业科学，49（23）：4507-4519.

徐畅，2017. 不同土壤条件下紫花苜蓿牧草产量构成因子的比较分析 [D]. 长春：东北师范大学.

徐朝斌，钟全林，程栋梁，等，2015. 基于地理种源的刨花楠苗木比叶面积与叶片化学计量学关系［J］. 生态学报，35（19）：6507-6515.

徐飞鹏，李云开，任树梅，2003. 新疆棉花膜下滴灌技术的应用与发展的思考［J］. 农业工程学报，19（1）：25-27.

徐丽君，王波，辛晓平，2011. 苜蓿人工草地土壤养分及土壤微生物特性［J］. 草地学报，19（3）：406-411.

徐中平，2008. 低磷胁迫对玉米磷吸收、转运及 IAA 和 CTK 水平与分布的影响［D］. 济南：山东大学.

薛立，邝立刚，陈红跃，等，2003. 不同林分土壤养分、微生物与酶活性的研究［J］. 土壤学报，40（2）：280-285.

闫艳红，杨文钰，张新，等，2011. 施氮量对套作大豆花后光合特性、干物质积累及产量的影响［J］. 草业学报，20（3）：233-238.

杨春收，2009. 磷肥及施用位置对夏玉米生长发育及产量的影响［D］. 郑州：河南农业大学.

杨丰，唐文汉，王建立，等，2015. 贵州喀斯特山区草地生态系统类型转变对土壤有机碳的影响［J］. 草地学报，23（4）：733-737.

杨恒山，曹敏建，李春龙，等，2003. 苜蓿施用磷、钾肥效应的研究［J］. 草业科学（11）：19-22.

杨恒山，张庆国，刘晶，等，2007. 不同生长年限紫花苜蓿根系及其土壤微生物的分布［J］. 草业科学，27（11）：38-41.

杨阔，黄建辉，董丹，等，2010. 青藏高原草地植物群落冠层叶片氮磷化学计量学分析［J］. 植物生态学报，34（1）：17-22.

杨青川，孙彦，2011. 中国苜蓿育种的历史、现状与发展趋势［J］. 中国草地学报，33（6）：95-101.

杨清培，欧阳明，杨光耀，等，2016. 竹子生态化学计量学研究：从生物学基础到竹林培育学应用［J］. 植物生态学报，40（3）：264-278.

杨秀芳，梁庆伟，娜日苏，等，2018. 24 个紫花苜蓿品种在阿鲁科尔沁旗的生产性能评价［J］. 草地学报，26（4）：1038-1042.

杨学云，李生秀，BROOKES P C，2004. 灌溉与旱作条件下长期施肥塿土剖面磷的分布和移动［J］. 植物营养与肥料学报（3）：250-254.

杨洋，王百群，李玉进，2012. 苜蓿对旱地土壤有机碳氮变化的驱动作用［J］. 水土保持研究，19（3）：78-81.

杨玉海，蒋平安，2005. 不同种植年限苜蓿地土壤理化特性研究［J］. 水土保持学报，19（2）：110-113.

杨云马，孙彦铭，贾良良，等，2018. 磷肥施用深度对夏玉米产量及根系分布的影响［J］. 中国农业科学，51（8）：1518-1526.

杨泽鹏，胡玉福，何剑锋，等，2017. 垦殖对川西北高寒草地土壤理化性质的影响［J］. 水土保持学报，31（2）：227-232.

杨震，2017. 集雨种植条件下不同补灌模式对土壤水分、养分及冬小麦产量的影响 [D]. 杨凌：西北农林科技大学.

姚瑶，2017. 不同施肥处理和干燥方式对紫花苜蓿生物学特性及营养成分的影响 [D]. 泰安：山东农业大学.

殷文，冯福学，赵财，等，2016. 小麦秸秆还田方式对轮作玉米干物质累积分配及产量的影响 [J]. 作物学报，42（5）：751-757.

尹辉，2012. 灌溉与施氮对紫花苜蓿草产量、水分利用效率和氮肥损失的影响 [D]. 兰州：甘肃农业大学.

于铁峰，刘晓静，郝凤，2018. 施用磷肥对紫花苜蓿营养价值和氮磷利用效率的影响 [J]. 草业学报，27（3）：154-163.

曾庆飞，贾志宽，韩清芳，2005. 施肥对苜蓿生产性能及品质影响的研究综述 [J]. 草业科学，22（7）：8-15.

曾全超，李鑫，董扬红，等，2015. 陕北黄土高原土壤性质及其生态化学计量的纬度变化特征 [J]. 自然资源学报，30（5）：870-879.

曾昭霞，王克林，刘孝利，等，2016. 桂西北喀斯特区原生林与次生林鲜叶和凋落叶化学计量特征 [J]. 生态学报，36（7）：1907-1914.

张爱平，刘汝亮，李友宏，等，2009. 施用磷肥对春小麦产量与吸氮特性及土体中硝态氮累积的影响 [J]. 干旱地区农业研究，27（5）：30-34.

张宝泉，李红红，马虎，等，2015. 渭北旱塬区不同年限苜蓿对土壤主要养分及微生物量的影响 [J]. 草地学报，23（6）：1190-1196.

张凡凡，于磊，马春晖，等，2015. 绿洲区滴灌条件下施磷对紫花苜蓿生产性能及品质的影响 [J]. 草业学报，24（10）：175-182.

张福锁，王激清，张卫峰，2008. 中国主要粮食作物肥料利用率现状与提高途径 [J]. 土壤学报，48（5）：915-924.

张华，佟文嘉，王南，等，2012. 基于退耕还草背景的科尔沁沙地土地利用景观格局分析 [J]. 干旱区资源与环境，26（6）：96-101.

张积祥，李松，1990. 紫花苜蓿氮磷肥配施研究 [J]. 草业科学，7（4）：70-72.

张杰，贾志宽，韩清芳，2007. 不同养分对苜蓿茎叶比和鲜干比的影响 [J]. 西北农业学报（4）：121-125.

张洁冰，南志标，唐增，2015. 美国苜蓿草产业成功经验对甘肃省苜蓿草产业之借鉴 [J]. 草业科学，32（8）：1337-1343.

张萍，章广琦，赵一娉，等，2018. 黄土丘陵区不同森林类型叶-凋落物-土壤生态化学计量特征 [J]. 生态学报，38（14）：5087-5098.

张前兵，于磊，鲁为华，等，2016. 优化灌溉制度提高苜蓿种植当年产量及品质 [J]. 农业工程学报，32（23）：116-122.

张涛，刘阳，袁航，等，2012. 开垦种草对高寒草甸土壤理化性质的影响 [J]. 草业科学，9（11）：1655-1659.

张卫峰，季玥秀，马骥，等，2007. 中国化肥消费需求影响因素及走势分析——I

化肥供应 [J]. 资源科学, 29 (6): 162-169.

张晓娜, 宋书红, 陈志飞, 等, 2016. 紫花苜蓿叶、茎产量及品质动态 [J]. 草业科学, 33 (4): 713-721.

张绪成, 于显枫, 王红丽, 等, 2016. 半干旱区减氮增钾、有机肥替代对全膜覆盖垄沟种植马铃薯水肥利用和生物量积累的调控 [J]. 中国农业科学, 49 (5): 852-864.

张亚丽, 张兴昌, 邵明安, 等, 2004. 降雨强度对黄土坡面矿质氮素流失的影响 [J]. 农业工程学报, 20 (3): 55-58.

张延林, 韩伟, 李天银, 等, 2017. 喷灌模式下不同灌溉量对紫花苜蓿产量和质量影响的研究 [J]. 草原与草业, 29 (2): 27-31.

张英鹏, 于仁起, 孙明, 等, 2009. 不同施磷量对山东三大土类磷有效性及磷素淋溶风险的影响 [J]. 土壤通报, 40 (6): 1367-1370.

张永亮, 骆秀梅, 石立媛, 等, 2018. 牧草根系碳氮磷生态化学计量特征对混播方式的响应 [J]. 中国草地学报, 40 (2): 59-66.

张玉霞, 王显国, 邰继承, 等, 2018. 不同微生境下科尔沁沙地苜蓿的生产性能 [J]. 草原与草坪, 38 (1): 25-30.

赵庆雷, 吴修, 袁守江, 等, 2014. 长期不同施肥模式下稻田土壤磷吸附与解吸的动态研究 [J]. 草业学报, 23 (1): 113-122.

赵伟, 宋春, 周攀, 等, 2018. 施磷量与施磷深度对玉米-大豆套作系统磷素利用率及磷流失风险的影响 [J]. 应用生态学报, 29 (4): 1205-1214.

赵亚丽, 杨春收, 王群, 等, 2010. 磷肥施用深度对夏玉米产量和养分吸收的影响 [J]. 中国农业科学, 43 (23): 4805-4813.

周恒, 时永杰, 胡宇, 等, 2016. 不同生长年限紫花苜蓿地下生物量的空间分布格局 [J]. 中国草地学报, 38 (2): 47-51.

周艳, 李明思, 蓝明菊, 等, 2011. 施肥频率对滴灌春小麦生长和产量的影响试验研究 [J]. 灌溉排水学报, 30 (4): 72-75.

朱爱民, 张玉霞, 王显国, 等, 2019. 8 个苜蓿品种抗寒性的比较 [J]. 西北农林科技大学学报 (自然科学版), 47 (1): 45-52.

朱秋莲, 邢肖毅, 张宏, 等, 2013. 黄土丘陵沟壑区不同植被区土壤生态化学计量特征 [J]. 生态学报, 33 (15): 4674-4682.

朱铁霞, 邓波, 王显国, 等, 2017. 灌水量对科尔沁沙地苜蓿草产量、土壤含水量及二者相关性的影响 [J]. 中国草地学报, 39 (4): 36-40.

AVCI M A, OZKOSE A, TAMKOC A, 2013. Determination of yield and quality characteristics of alfalfa varieties grown in different locations [J]. Journal of Animal & Veterinary Advances, 12 (4): 487-490.

BARBER S A, MACKAY A D, 1986. Root growth and phosphorus and potassium uptake by two corn genotypes in the field [J]. Fertilizer Research, 10 (3): 217-223.

BAUDER J W, BAUE A, RAMIREZ J M, et al., 1978. Alfalfa water use and production on dryland and irrigated andy loam [J]. Agronomy Journal, 70 (1): 95-99.

BERG W K, CUNNINGHAM S M, BROUDER S M, et al., 2005. Influence of phosphorus and potassium on alfalfa yield and yield components [J]. Crop Science, 45 (1): 297-304.

BIDEL L P R, PAGÈS L, RIVIÈRE L M, et al., 2000. Mass flow dyn I: a carbon transport and partitioning model for root system architecture [J]. Annals of Botany, 85 (6): 869-886.

BROWN P W, TANNER C B, 1983. Alfalfa stem and leaf growth during water stress [J]. Agronomy Journal, 75 (4): 779.

CAI J, CHEN L, QU H Y, 2012. Alteration of nutrient allocation and transporter genes expression in rice under N, P, K, and Mg deficiencies [J]. Acta Physiologiae Plantarum, 34 (3): 939-946.

CHAVES M M, FLEXAS J, PINHEIRO C, 2009. Photosynthesis under drought and salt stress: regulation mechanisms from whole plant to cell [J]. Annals of Botany, 103 (2): 551-560.

CHERNEY J H, DUXBURY J M, 1994. Inorganic nitrogen supply and symbiotic nitrogen fixation in alfalfa [J]. Journal of Plant Nutrition, 17 (12): 2053-2067.

CRAMER M D, HOFFMANN V, VERBOOM G A, 2008. Nutrient availability moderates transpiration in Erharta calycina [J]. New Phytologist, 179 (4): 1048-1057.

ELSER J J, FAGAN W F, KERKHOFF A J, et al., 2010. Biological stoichiometry of plant production: metabolism, scaling and ecological response to global change [J]. New Phytologist, 86 (3): 593-608.

FAN H, WU J, LIU W, et al., 2015. Linkages of plant and soil C : N : P stoichiometry and their relationships to forest growth in subtropical plantations [J]. Plant and Soil, 392 (1-2): 127-138.

Fixen P E, LUDWICK A E, 1983. Phosphorus and potassium fertilization of irrigated alfalfa on Calcareous soils: soil test maintenance requirements [J]. Soil Science Society of America Journal, 47: 107-112.

FLEMING N K, COX J W, 2001. Carbon and phosphorus losses from dairy pasture in south Australia [J]. Soil Research, 39 (5): 969-978.

FOLEY J A, DE FRIES R, ASNER G P, et al., 2005. Global consequences of land use [J]. Science, 309 (5734): 570-574.

GÜSEWELL S, 2004. N : P ratios in terrestrial plants: variation and functional significance [J]. New Phytologist, 164 (2): 243-266.

HANSON B, BALI K, ORLOFF S, et al., 2007. Deficit irrigation of alfalfa as a strategy for providing water for water-short areas [J]. Agricultural Water Management, 93 (1-2): 73-80.

HAVLIN J L, WESTFALL D G, GOLUS H M, 1984. Six years of phosphorus and potassium fertilization of irrigated alfalfa on calcareous soil [J]. Soil Science Society of America Journal, 48 (2): 331-336.

HECKRATH G, BROOKES P C, POULTON P R, et al., 1995. Phosphorus leaching from soils containing different phosphorus concentrations in the broad balk experiment [J]. Journal of Environment Quality, 24 (5): 904.

ISMAIL S M, ALMARSHADI M H, 2013. Maximizing productivity and water use efficiency of alfalfaunder precise subsurface drip irrigation in arid regions. [J]. Irrigation and Drainage, 62 (1): 57-66.

JIAN N, 2004. Estimating net primary productivity of grasslands from field biomass measurements in temperate northern China [J]. Plant Ecology, 174 (2): 217-234.

JOHN L G, Gilbert H A, 1958. The effect of different fertility levels on yield, persistence, and chemical composition of alfalfa [J]. Agronomy, 50 (6): 291-294.

KATIĈ S, MILIĈ D, KARAGIĈ D, et al., 2009. Variation of protein, cellulose and mineral content of lucerne as influenced by cultivar and cut [J]. Biotechnology in Animal Husbandry, 25 (5/6): 1189-1195.

KOERSELMAN W, MEULEMAN A F M, 1996. The vegetation N : P ratio: a new tool to detect the nature of nutrient limitation [J]. Journal of Applied Ecology, 33 (6): 1441-1450.

KROGMAN K K, HOBBS E H, 1965. Evapotranspiration by irrigated alfalfa as related to season and growth stage [J]. Canadian Journal of Plant Science, 45 (4): 310-313.

KROGMAN K K, LUTWICK L F, 1961. Comsumptive use of water by forage crop in the Upper Kootenay River Valley [J]. Canadian Journal of Soil Science, 41: 1-4.

KUPPER P, ROHULA G, SAKSING L, 2012. Does soil nutrient availability influence night-time water flux of aspen saplings [J]. Environmental and Experimental Botany, 82: 37-42.

LEYSHON A J, 1982. Deleterious effects on yield of drilling fertilizer into established alfalfa stand [J]. Agronomy Journal, 74 (4): 741-743.

LIANG C Y, WANG J X, ZHAO J, et al., 2014. Control of phosphate homeostasis through gene regulation in crops [J]. Current Opinion in Plant Biology, 21: 59-66.

MARTA A, DULCE N R N, FRANCISCO J T, 2009. Soybean inoculation dose, N fertilizer supplementation and rhizobia persistence in soil [J]. Field Crops Research, 113 (3): 352-356.

MATIMATI I, VERBOOM G A, CRAMER M D, 2013. Nitrogen regulation of transpiration controls mass-flow acquisition of nutrients [J]. Journal of Experimental Botany, 65 (1): 159-168.

MEHARG A, 2012. Marschner's mineral nutrition of higher plants [J]. Experimental Agriculture, 48 (2): 305.

MELIS M, FARINA M P W, 1984. Potassium effects on stalk strength, premature death and lodging of maize (*Zea mays* L.) [J]. South African Journal of Plant and Soil, 1 (4): 122-124.

MILIĈ D, KARAGI D, VASILJEVI S, et al., 2011. Leaf and stem chemical composition of divergent alfalfa cultivars [J]. Biotechnology in Animal Husbandry, 27 (4): 1505-1511.

NIKLAS K J, 2005. N, P and cstoichiometry of eranthis hyemalis (*Ranun culaceae*) and the allometry of plant growth [J]. American Journal of Botany, 92 (8): 1256.

POORTER L, BPNGERS F, 2006. Leaf traits are good predictors of plant performance across 53 rain forest species [J]. Ecology, 87 (7): 1733-1743.

REICH P B, TJOELKER M G, MACHADO J L, et al., 2006. Universal scaling of respiratory metabolism, size and nitrogen in plants [J]. Nature, 439: 457-463.

RIYAS-UBACH A, SARDANS J, PEREZ-TRUJILLO M, et al., 2012. Strong relationship between elemental stoichiometry and metabolome in plants [J]. Proceedings of the National Academy of Sciences of the United States of America, 109 (11): 4181-4186.

ROGERS M E, LAWSON A R, CHANDRA S, et al., 2014. Limited application of irrigation water does not affect the nutritive characteristics of Lucerne [J]. Animal Production Science, 54 (10): 1635-1640.

RONG Q Q, LIU J T, CAI Y P, 2015. Leaf carbon, nitrogen and phosphorus stoichiometry of Tamaris chinesis Lour in the Laizhou bay coastal wetland, China [J]. Ecological Engineering, 76: 57-65.

RUMBOUGH M D, 1963. Effects of population density on some components of yield of alfalfa [J]. Crop Science, 3 (5): 423-424.

SAMMIS T W, 1981. Yield of alfalfa and cotton as influenced by irrigation [J]. Agronomy Journal, 73 (2): 323-329.

SARDANS J, RIVAS-UBACH A, PEňUELAS J, 2011. Factors affecting nutrient concentration and stoichiometry of forest trees in Catalonia (NE Spain) [J]. Forest Ecology and Management, 262 (11): 2024-2034.

SMITH S E, SMITH F A, JAKOBSEN I, 2003. Mycorrhizal fungi can dominate phosphate supply to plants irrespecitve of growth responses [J]. Plant Physiology, 133: 16-20.

SNAYDON R W, 1972. The effect of total water supply, and of frequency of application, upon lucerne. I. dry matter production [J]. Australian Journal of Agricultural Research, 23 (2): 239-251.

SOUDZILOVSKAIA N A, ONIPCHENKO V G, CORNELISSEN J H C, et al., 2005. Biomass production, N : P ratio and nutrient limitation in a Caucasian alpine tundra plant community [J]. Journal of Vegetation Science, 16 (4): 399-406.

STEVENR L, HENRYF M, 2007. Comparative mapping of fiber, protein, and mineral content QTLs in two interspecific Leymus wildrye full-sib families [J]. Molecular Breeding, 20 (4): 331-347.

WRIGHT I J, REICH P B, WESTOBY M A, 2004. The worldwide leaf economics spectrum [J]. Nature, 428 (6985): 821-827.

ZHANG L X, BAI Y F, HAN X G, 2004. Differential responses of N : P stoichiometry of *Leymus chinensis* and *Carex korshinskyi* to N additions in a steppe ecosystem in Nei Mongol [J]. Acta Botanica Sinica, 46 (3): 259-270.